编委会名单

主　编：梁　永　　张　民

副 主 编：杨　凯　　张胜军　　曲中华　　梁　正
　　　　　潘月海

编审人员（以章节先后为序）：

　　　　陈仲辉　　张文阁　　李　振　　王兆欣

　　　　杨　涛　　关　瑜　　隋　峰　　黄阳玉

　　　　石　霜　　徐　明　　丁臻敏　　夏　春

　　　　王启燕　　李　婷　　陈光成　　宋述古

　　　　邓春磊　　赵　亮　　邵绪洋　　陈永坤

　　　　吴富强

环境监测仪器检测技术实用指南

梁 永 张 民 主编

中国质检出版社
中国标准出版社
北 京

图书在版编目(CIP)数据

环境监测仪器检测技术实用指南/梁永,张民主编 . —北京:中国质检出版社,2016.8

ISBN 978 - 7 - 5026 - 4321 - 8

Ⅰ.①环⋯　Ⅱ.①梁⋯ ②张⋯　Ⅲ.①环境监测仪器—操作—指南 Ⅳ.①X85 -62

中国版本图书馆 CIP 数据核字(2016)第 145770 号

中国质检出版社
中国标准出版社 出版发行

北京市朝阳区和平里西街甲 2 号(100029)

北京市西城区三里河北街 16 号(100045)

网址:www. spc. net. cn

总编室:(010)68533533　发行中心:(010)51780238

读者服务部:(010)68523946

中国标准出版社秦皇岛印刷厂印刷

各地新华书店经销

*

开本 787×1092　1/16　印张 14.25　字数 268 千字

2016 年 8 月第一版　2016 年 8 月第一次印刷

*

定价:56.00 元

序

伴随着世界经济与工业的快速发展,世界环境问题日益突出,环保、节能减排已经逐渐成为世界各国关注的热点。监测仪器是环境监测工作必不可少的工具,而监测仪器的计量性能直接影响到监测数据的准确性,所以做好监测仪器的计量检定工作就显得尤为重要。

《环境监测仪器检测技术实用指南》以青岛崂山应用技术研究所产品为依托,集环境监测技术和计量检定于一体,分别从环境监测角度和计量检定角度详细介绍了各类监测仪器的使用方法和计量检定(或校准)方法,内容涉及烟尘采样器、烟气分析仪/采样器、环境空气采样器、环境空气颗粒物采样器、油气回收系统检测仪系列、大气降水检测仪器、崂应环保监测仪器校准器系列等七大系列。烟尘采样器和烟气分析仪/采样器属于固定污染源废气监测范畴,与当前固定污染源低浓度排放相呼应;环境空气采样器和环境空气颗粒物采样器属于环境空气监测范畴,主要包括 SO_2,NO_x,TSP,PM10、PM2.5 等监测;油气回收系检测仪主要用于储油库、加油站、油罐车的油气回收系统的检验;大气降水检测仪器主要针对酸雨的监测;崂应环保监测仪器校准器系列主要对各类环境监测仪器进行检定或校准。

从环境监测角度,《环境监测仪器检测技术实用指南》参照环保部监测技术规范,详细介绍了环境监测的操作步骤及注意事项等,易于掌握、便于操作。一方面为环境监测人员现场操作提供技术指导,保证现场监测方法科学合理,监测结果准确可靠;另一方面为计量检定人员更加熟悉和了解监测仪器现场使用过程,制定更加切实可行的计量检定规程提供依据。

从计量检定角度,《环境监测仪器检测技术实用指南》按照计量检定规程要求,将检定规程与监测仪器有机结合,图文并茂,通俗易懂。不仅仅是为计量检定人员培训提供一本教材,更重要的是让检定人员更好地了解被检仪器、更加透彻地理解规程和执行规程。

《环境监测仪器检测技术实用指南》一书为环境监测领域和计量领域专家实际操作提供了一本图文并茂的非常实用的好教材,读者必将从书中获取有益的知识,提高实际操作能力,从而促进我国环境监测能力和计量检定水平不断提高。

中国计量科学研究院副院长

2016.7.6

前　言

随着社会的快速发展，以及能源消耗和机动车的快速增长，大量二氧化硫、氮氧化物、挥发性有机物等排放到空气中，严重危害大气环境。酸雨、重度雾霾等直接造成我国粮食、蔬果减产，林木死亡，土壤和水体酸化，甚至会造成人体呼吸系统疾病，严重威胁到人民的身体健康。环境监测、环境治理迫在眉睫。因此，环境监测仪器的日常检定、使用、维护变得非常重要。

2015 年 11 月，为充分发挥中国计量科学研究院与青岛崂山应用技术研究所各自优势、为参训人员提供理论与实践相结合的培训环境，中国计量科学研究院培训中心与青岛崂山应用技术研究所签订合作协议，在青岛崂山应用技术研究所建立"全国计量专业人员实际操作培训基地"，由青岛崂山应用技术研究所提供环境监测类仪器实际操作的培训老师、培训用仪器、培训场地等，协助完成环境监测类仪器的计量专业人员的理论及实际操作培训。

鉴于上述原因，我们编写并出版《环境监测仪器检测技术实用指南》一书，目的在于扩大计量专业人员及环境监测一线工作人员的知识视野，提高计量人员及环境监测人员对仪器检定、简单故障分析、现场采样等问题辨析的能力，为实际工作提供技术支持。

为更好地完成本书编写，我们组织计量技术法规与标准制定、质量检验、客户服务的一线技术人员，总结他们在实际工作中累积的丰富的实践经验，依据计量检定规程、国家行业标准等要求，对青岛崂山应用技术研究所产品的现场监测技术、使用常见问题及解决方法、检定校准等进行整理汇总，由产品的设计人员审核，青岛市环境监测中心站张胜军研究员对现场采样技术审查把关,中国计量科学研究院领导审阅,最终形成本书正式文本。在此,对中国计量科学研究院的各位领导、对张胜军研究员、对参与编纂和审核的人员表示由衷的敬意和感谢。

由于本书涉及的环境监测仪器种类很多,执行的监测标准和检定规程的专业性很强,且我们的知识水平和实际经验的局限,很难保证本书无疏漏、不妥甚至错误之处,恳请各位读者谅解并批评指正。

编　者

2016 年 5 月

目 录

第一章 烟尘采样器

颗粒物是固定污染源监测中的常规测试项目,为了对颗粒物排放进行实时监督和控制,环保部门需要定期进行固定污染源颗粒物的监测。目前,固定污染源颗粒物浓度的测试方法主要分为直接测量法和间接测量法。直接测量法是根据采集颗粒物的重量和采样体积计算出颗粒物的浓度,如重量法。间接测量法是利用颗粒物的特性与质量浓度存在一定的关系,通过测量颗粒物的特性转化为颗粒物的浓度,如光散射法、β 射线法等[1]。

第一节 烟尘监测标准

一、国内烟尘监测标准

随着环境污染治理技术的提高,国家和地方越来越重视对固定污染源排放的限制,相继制定或修订一系列炉窑和火电厂的排放标准。如 GB 13223—2011《火电厂大气污染物排放标准》和 DB 37/664—2013《山东省火电厂大气污染物排放标准》均把固定污染源排气中颗粒物排放浓度降至 30 mg/m³ 以下;北京市于 2007 年相继颁布了地方标准 DB 11/139—2007《锅炉大气污染物排放标准》和 DB 11/501—2007《大气污染物综合排放标准》,也将颗粒物允许排放限值限制在 20 mg/m³ 以下[2-5]。

二、国外烟尘监测标准

近年来,发达国家在低浓度烟尘采样及分析技术进行全面研究,包括低浓度颗粒物的采样及检测方法。国际标准化组织(ISO)、美国国家标准学会(ANSI)、美国环境保护局(USEPA)等机构均针对烟尘采样制定相应的方法标准,如表 1 - 1 所示。

在上述方法标准中,ANSI 方法规定了滤膜采集颗粒物的最小质量,并应用空白滤膜和专门的称量技术以提高测量准确性;ISO 12141 方法规定了采集低浓度颗粒物时要清洗采样过滤介质前端的采样管,指出采集到烟尘浓度是相应全程序空白值标准偏差 5 倍以上,测试结果有效,并且可以通过增大采样体积或延长采样时间来达到要求,以降低采样和分析过程中的误差;US EPA 方法也提出通过增大采样体积或延长采样时间来测定低浓度颗粒物。

表1-1　国外烟尘监测方法标准[6-9]

标准编号	标 准 名 称
ISO 12141:2002	固定源排放-低浓度颗粒物(粉尘)的质量浓度测量-手工重量分析法
ISO 9096:2003	固定源排放-颗粒物质量浓度的手工测定
ANSI/ASTM D 6331—1998	低浓度下测定固定源排放的颗粒物浓度的试验方法(手工重量分析法)
US EPA Method 5I	低浓度颗粒物排放规定

总之,国家标准的执行就需要有相应的监测手段,对于烟尘浓度的监测,目前重量法仍是最经典的监测方法,也是间接监测方法的校准基础。GB 5468—1991《锅炉烟尘测试方法》和GB/T 16157—1996《固定污染源排气中颗粒物测定与气态污染物采样方法》中明确规定了固定污染源颗粒物的基本测定方法是过滤称重法(即重量法)[10-11]。

第二节　烟尘采样方法

一、国内烟尘采样方法

目前,我国关于固定污染源排气中颗粒物的采集与测定主要依据标准GB/T 16157—1996《固定污染源排气中颗粒物和气态污染物采样方法》[11]进行。具体方法是根据预先测出的排气温度、压力、含湿量和流速等参数,选择合适的采样嘴直径,计算出等速采样条件下各采样点所需的采样流量,将烟尘取样管直接插入烟道中,在各测量点进行等速采样。抽取一定体积的含尘气体,根据采样前后滤筒或滤膜的质量变化量计算排气中颗粒物的浓度。

烟气排放连续监测系统(Continuous Emission Monitoring System,CEMS)是用于连续测定颗粒物和气态污染物浓度和排放率所需要的全部的设备,一般是由采样、测试、数据采集和处理三个子系统组成的监测体系[12]。测量颗粒物的参比方法是以S形皮托管测定烟气流速实现等速采样的,当流速在5 m/s以下,用S形皮托管测流速比较困难,测定结果准确度差。因此,参比方法采样点应尽可能选在烟气流速大于5 m/s的位置。

二、国外烟尘采样方法

EPA Method 5 采用动压平衡采样法对固定源的细颗粒物的排放进行采样[13]。它将滤筒放置在烟道外,并加热到恒定的温度,以略高于烟气温度为宜,通常为 121 ℃ 或 160 ℃。对不同烟道颗粒物的采集可以使用同样的采样温度。此外,该方法中还对滤筒进行加热,避免水汽在滤筒上凝结。EPA Method 17 是用等速采样头将烟气引入采样管道,管道中放置的滤筒也伸入烟道内,烟气经过时,烟气中的颗粒物以相同的烟气速度被捕捉到滤筒内部,完成采样[14]。采样管后连接一系列置于冰浴中的采样器,采集滤筒未能收集的细颗粒物以及蒸汽冷凝的颗粒物。

第三节　烟尘采样器工作原理

烟尘采样器基本原理是过滤称重法,即将定量含尘气体通过已知质量的滤筒或滤膜时,尘粒被阻留,经过除去非化合水后,根据采样前后滤筒或滤膜的增量,计算出单位体积烟尘中颗粒物的质量。

一、等速采样原理

测定烟尘的浓度必须采用等速采样的方法,即采样的速度与采样点处烟气流量相等。如果采样速度大于或小于采样点烟气流速都会影响测量结果。图 1-1 为不同的采样流速下颗粒运动情况。

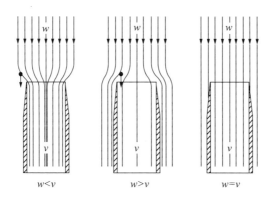

图 1-1　不同采样流速下颗粒运动情况

当采样速度 v 大于采样点烟气速度 w 时,处于采样嘴边线以外的部分气流进入采样嘴,但是由于大颗粒惯性作用,不能改变方向随气流进入采样嘴,继续沿着原来的方向前进,使采取的样品浓度低于采样点的实际浓度;当采样速度 v 小于烟气速度 w 时,情况恰好相反,采取得样品浓度高于采样点的实际浓度。因此只有采样速度 v 等于采样点的速度 w 时,采取的样品浓度等于采样点的实际浓度。

等速采样方法又可分为动压平衡等速采样法、静压平衡等速采样法、预测流速采样法和皮托管平行测速采样法。

（一）动压平衡型等速采样法

该方法将装有孔板的采样管、S 形皮托管、热电偶温度计组成一体插入烟道测点处。该方法是利用等速采样管中的孔板在采样抽气时产生的压差与等速采样时与采样管平行放置的 S 形皮托管所测出的气体动压相等来实现,该方法与采样嘴口径无关,采样过程中,手动调节流量,采样抽气使孔板产生的压差与采样管平行放置的皮托管测出的气体动压相等。

（二）静压平衡型等速采样法

静压平衡采样法是利用专门的能感知采样嘴内外壁静压的采样管,调节采样流量使采样嘴内外壁的静压相等,达到等速采样的条件。该方法也与采样嘴的口径无关,且无需皮托管,也能实现流速的自动跟踪,但需要特制采样管和多一套压力传感器,且仅适用于低含尘浓度的场合,高浓度的烟尘易堵塞静压感知孔而失准。

（三）预测流速采样法

预测流速采样法又称普通采样法。该方法是在采样前先测出采样点的烟气温度、压力、含湿量等参数,再结合所选用的采样嘴直径,计算出等速条件下各采样点所需的采样流量。

预测流速法采样装置见图 1-2,由采样嘴、滤筒夹、滤筒及连接管组成,采样嘴的形状以不扰动气口内外气流为原则,其入口角度小于 45°,嘴边缘的壁厚不超过 0.2 mm,与采样管连接的一端内径应与连接管内径相同。

（四）皮托管平行测速采样法

该方法将普通型采样管、S 形皮托管、热电偶温度计组装成一体插入烟道测点处,见图 1-3。根据预先测得的静压、含湿量、动压和温度等参数,结合选用的采样嘴直径,由计算机及时算出颗粒物等速采样流量,迅速调节采样流量至所需要的读数开始采样。此方法与预测流速法不同之处在于测定流量与采样几乎同时进行,适用于工况易变情况的采样。

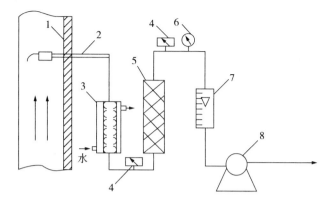

1—烟道;2—采样管;3—冷凝器;4—温度计;5—干燥器;

6—压力计;7—转子流量计;8—抽气泵

图 1 - 2　预测流速采样法

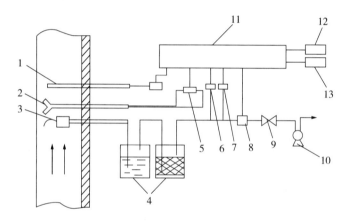

1—热电偶或电阻温度计;2—皮托管;3—采样管;4—除硫干燥器;5—微压传感器;

6—压力传感器;7—温度传感器;8—流量传感器;9—流量调节装置;10—抽气泵;

11—微处理系统;12—微型打印机或接口;13—显示器

图 1 - 3　皮托管平行测速采样法

二、含湿量测量原理

微处理器控制传感器采集湿球、干球表面温度及通过湿球表面的压力,结合大气压,同时根据湿球表面温度自动查出该温度下的饱和水蒸气压力,计算出含湿量,如公式(1 - 1)所示。

$$X_{sw} = \frac{P_{bv} - 0.00066 \times (t_c - t_b) \times (B_a + P_b)}{B_a + P_s} \times 100\%　　　　(1 - 1)$$

式中:X_{sw}——含湿量,%;

P_{bv}——饱和水蒸气压力,kPa;

t_c——干球温度,℃;

B_a——大气压,kPa;

P_b——湿球表面负压,kPa;

P_s——烟气静压,kPa;

t_b——湿球温度,℃。

第四节　烟尘采样器组成

烟尘采样器主要是由主机、烟尘多功能取样管、含湿量取样管等组成。其中烟尘多功能取样管可以根据需求选择常规多功能取样管和低浓度取样管。

一、烟尘采样器主机

烟尘采样器(又称烟尘测试仪)主机是微处理控制系统,主要功能是控制采样流量,并处理分析测量结果。随着市场的需要,青岛崂山应用技术研究所经过多年的潜心研究和开发,先后研制出3012H 自动烟尘(气)测试仪、3012H - C 超小型自动烟尘(气)测试仪、3012H - D 便携式大流量低浓度烟尘自动测试仪,见图 1 - 4。

在上述这三种烟尘测试仪中,3012H - C 超小型烟尘(气)测试仪是一款超小型烟尘采样器,重量比较轻,便于携带;3012H - D 则是一款专门针对低浓度采样的大流量烟尘采样器,它们的主要技术指标对比如表 1 - 2 所示。

表 1 - 2　三种采样器技术指标对比

技术指标 ＼ 仪器型号	3012H	3012H - C	3012H - D
采样流量	(10～60)L/min	(10～60)L/min	(0～100)L/min
烟气静压	(-30～30)kPa	(-30～30)kPa	(-30～30)kPa
烟气动压	(0～2000)Pa	(0～2000)Pa	(0～2000)Pa
烟气温度	(0～500)℃	(0～500)℃	(0～500)℃
等速采样流速	(5～45)m/s	(5～45)m/s	(5～45)m/s
等速响应时间	不超过20s	不超过20s	不超过20s
采样泵负载能力	≥50 L/min (阻力为 20 kPa 时)	≥30 L/min (阻力为 20 kPa 时)	≥60 L/min (阻力为 20 kPa 时)

（a）3012H自动烟尘（气）测试仪

（b）3012H-C超小型自动烟尘（气）快速测试仪

（c）3012H-D便携式大流量低浓度烟尘自动测试仪

图1-4　三种类型烟尘测试仪

二、取样管

取样管是烟尘采样中不可或缺的一部分,根据采集对象浓度的不同,可将取样管分为常规多功能取样管和低浓度取样管。

（一）常规多功能取样管

常规多功能取样管用于对烟道内的烟尘进行采样,其中包含弯头部分,可固定采样滤筒、铂电阻部分,可以测量烟道内的烟温、动压、静压以及流速等。其主要技术指标如表1-3所示。

表1-3　常规多功能取样管技术指标

主要参数	参数范围及准确度
采样嘴	$\phi4.5$ mm,$\phi6$ mm,$\phi7$ mm,$\phi8$ mm,$\phi10$ mm,$\phi12$ mm
滤筒	标准3#
长度	标准长度1.5 m(特殊规格可订制)
重量	约2.5 kg
适用烟道温度	（0～500）℃

1. 常规取样管使用方法

（1）预测流速

按照图 1 - 5 连接好常规多功能取样管与烟尘采样器主机(以崂应 3012H 型自动烟尘/气采样器为例)。卸掉皮托管保护套,将取样管放入烟道的同时开启主机预测流速功能,根据仪器的提示来选择合适的采样嘴(可选 ϕ4.5 mm, ϕ6 mm, ϕ7 mm, ϕ8 mm, ϕ10 mm, ϕ12 mm)。

注意:管路连接时,橙色橡胶管连接皮托管面向气流方向的接嘴及主机的"ΔP +"端。

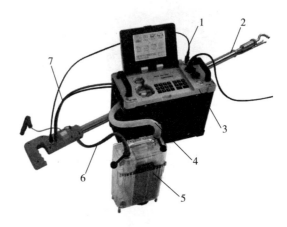

1—烟温信号线;2—烟尘多功能取样管;3—测试仪主机;4—硅橡胶管;

5—高效气水分离器;6—Φ8×14 橡胶管;7—Φ4×8 橡胶管

图 1 - 5　常规多功能取样管使用连接图

（2）安装滤筒

先将弯头拧下,然后用干净的镊子将烘干称重并编号的标准 3#滤筒放入滤筒座内,最后拧紧弯头。

注意:弯头在拧紧时采样嘴的方向与把手的方向要一致。

（3）采样

a)记录现场基本情况,并清理采样孔积灰,待取样管温度达到设定温度时,将取样管插入烟道中第一采样点处(采样嘴应背对气流方向,采样顺序由内到外),然后将采样孔密封,取样管的接地线连接到固定位置。

b)启动测试仪采样,与此同时转动取样管使采样嘴对准气流方向(与气流方向偏差不大于10°),第一点采样结束后(根据蜂鸣报警或倒计时间判断),立即将取样管按顺序移动到第二采样点,其他采样点依次类推。

c)每次采样最少采取三个样品,取其平均值。

（4）取采样滤筒

采样结束后,将取样管从烟道内取出,拧下弯头,用镊子取出采样滤筒封口后保存。拧下采样嘴,放入采样嘴盒中。将皮托管保护套套到皮托管上。

2. 常规取样管使用注意事项

a）采样现场一般环境比较恶劣,常为高空作业,采样人员一定要确保人机安全。采样过程中应及时将采样孔堵住,以防正压烟道有害气体喷出,也防止对烟道内气流的扰动。

b）在运输使用过程中应尽量避免强烈的震动、碰撞及灰尘、雨、雪的侵袭。

c）使用结束后一定要将皮托管保护套放到皮托管上,防止皮托管头部碰伤。

d）取样管长期不用应放置在干燥、避阳处。

e）使用时要将接地线连接大地,防止静电电压过高,避免对人和取样管造成伤害。

（二）低浓度取样管

低浓度烟尘多功能取样管适用于测量低浓度烟尘排放的烟道。该取样管集 S 形皮托管、温度传感器、加热控制、采气管于一体,用整体称重滤膜过滤收集烟尘;可与 3012H－D 便携式大流量低浓度烟尘自动测试仪配套使用,连接见图 1－6。可测量烟道内的动压、静压、温度、流速、风量以及烟尘排放浓度、排放量。

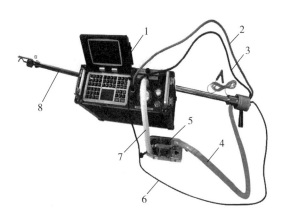

1—测试仪主机;2,3—橡胶管;4—硅橡胶管;5—高效气水分离器;
6—信号线;7—硅橡胶管;8—低浓度烟尘多功能取样管

图 1－6　低浓度取样管与烟尘测试仪连接示意图

1. 低浓度取样管使用方法

（1）采样头的组装

a）粗调压模:见图 1－7,用手按下"2"并调节"1",使"2"的最高点与"1"的距离约

1 mm,然后用"3"锁紧。

1—压模上盖;2—圆盘;3—螺母

图 1-7 压模

b)将密封压环、托网、滤膜(毛面向上)、采样头按图 1-8 所示方法依次放入压模中。

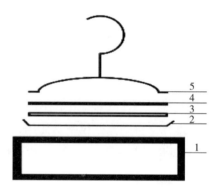

1—压模;2—密封压环;3—托网;4—滤膜;5—前弯管

图 1-8 组装放置顺序

c)左手扶稳压模,右手拇指压住采样头座与管的接点处,握紧采样头向下压到底,采样头向前微微倾斜,用力前推,将采样头推入压模上盖与圆盘的间隙中[见图1-9(a)]。

（a）推入压模　　　　　（b）旋转前弯管　　　　　（c）组装完毕

图 1-9 采样头组装步骤

d)左手拇指压住采样头座与管接点处,使采样头始终保持嵌入压模上盖与圆盘的间隙;右手旋转采样头一周[见图1-9(b)]。

e)检查采样头的包装情况[见图1-9(c)],若不合适可再调节压模上盖与圆盘的间隙,重复a)项。

(2)采样头安装

a)将采样头放入取样管采样头底座中,将锁紧螺母套过采样头,见图1-10;

b)使止动套上的定位销嵌入采样头座的开口内,调整采样头方向,用手按住止动套并旋紧螺母;

c)查看采样头方向,若采样头方向不对,将螺母旋松一点,将采样头调至正确方向旋紧螺母,然后使用专用扳手旋紧螺母。

1—取样管采样头底座;2—采样头;3—锁紧螺母;4—止动套

图1-10　采样头安装

(3)加热设置

a)将配套桌面电源(输入端接入 AC 220 V,输出端 24 V)接入取样管,取样管开机后显示加热温度,界面如图1-11所示,待温度达到设定值时即可使用。

1—显示屏;2—按键;3—电源线;4—烟温信号线

图1-11　低浓度取样管加热界面

b)按键"F"和"▲":在显示加热温度情况下,按"▲"键进入加热温度设置查看界面,再次按"▲"键退出加热温度设置查看界面,或 5 s 后自动返回。

c)修改加热温度设置:持续按住"F"键,显示当前设定值,按"▲"键修改对应数位的数值,按"F"键确定此数位的修改并进入下一数位的修改状态,直到最后一位修改完毕,按"F"键保存温度设定值并退出。加热温度可以在(80 ~ 300)℃之间设置。加热时屏幕左侧的红色发光二极管处于点亮状态。

(4)采样

低浓度取样管采样操作过程见常规取样管采样操作过程。

(5)样品保存

采样结束后,切断电源,将取样管从烟道中取出,小心取下采样头(注意高温,防止烫伤)。在采样头上套上相应端末帽并装入自封口袋中密封保存,然后放入铝箱中,采样嘴朝上,运输过程中,不能倒置,见图 1 - 12。

图 1 - 12　样品的保存

2. 低浓度取样管使用注意事项

a)采样现场一般环境比较恶劣,常为高空作业,采样人员一定要确保安全。采样过程中应及时将采样孔堵住,以防正压烟道有害气体喷出,也防止对烟道内气流的扰动。

b)在运输使用过程中应尽量避免强烈的震动、碰撞及灰尘、雨、雪的侵袭。

c)取样管通电后,不要用手触摸取样管前端,以免烫伤。

d)如需现场使用 AC/DC 变压器接交流电源时,请务必确认是 220 V 交流电! 防止误接其他工业电源,以免损坏取样管,甚至造成人身伤害。

e)取样管长期不使用应放置在干燥、避阳处。

f)采样头编号说明:采样头编号为 8 位数字,前 7 位数字表征序号,最后一位数字(1,2,6,8)表征采样嘴直径,即 1 表示采样嘴直径为 10 mm,2 表示采样嘴直径为 12 mm,6 表示采样嘴直径为 6 mm,8 表示采样嘴直径为 8 mm。

g)使用时,不能使皮托管的两接嘴 $\Delta P +$、$\Delta P -$ 作为皮托管整体的受力点,防止其断裂损坏。

第五节　烟尘采样实例

一、烟尘采样原则及方法选择

烟尘采样原则上采用等速采样方法。采样过程跟踪率要求达到 1.0 ± 0.1,否则应重新采样。采用固定流量采样时,应随时检查流量,发现偏离应及时调整。

采样后应再测量一次采样点的烟气流速,与采样前的流速相比,如相差大于20%时,应重新采样。

烟尘采样时可选择使用移动采样、定点采样、间断采样三种方法。一般采用移动采样方法。采样时一点采样完成后,立即将采样管按顺序移到第二个采样点,依次类推,顺序在各点采样。每点采样时间视烟尘浓度而定,原则上每点采样时间不小于 3 min,各点采样时间相等。但每台仪器采样时所采集样品累计的总采气量不得少于 1 m³。

每个采样断面采样次数不得少于 3 次,取 3 次采样的算术平均值作为管道的烟尘浓度值。

注 1:移动采样:用一个滤筒在已确定的采样点上移动采样,各点采样时间相等,求出采样断面的平均浓度。

注 2:定点采样:每个测点上采一个样,求出采样断面的平均浓度,并可了解烟道断面上颗粒物浓度变化状况。

注 3:间断采样:对有周期性变化的排放源,根据工况变化及其延续时间,分段采样,然后求出其时间加权平均浓度。

根据烟道温度,选择合适的滤筒很重要。烟道温度 500 ℃ 以下时,使用玻璃纤维滤筒;(500～1000)℃ 之间,使用刚玉滤筒。因为适用不同的采样滤筒的采样管结构不同,不同温度的烟尘采样需要准备不同的采样管。

对于烟尘浓度低于 50 mg/m³ 的情况,应使用滤膜代替滤筒,采用滤膜和采样头整体称重方法,提高测量的准确性。

二、采样位置与采样点的确定

（一）采样位置

采样位置应避开对采样人员操作有危险的场所,应优先选择在垂直管段,应避开烟道弯头和断面急剧变化的部位。采样位置应设置在距弯头、阀门、变径管下游方向不小于6倍直径,和距上述部件上游方向不小于3倍直径处。对矩形烟道,其当量直径 $D = 2AB/(A + B)$,式中 A、B 为边长。采样断面的气流速度最好在 5 m/s 以上[11]。

采样现场空间位置有限,很难满足上述要求时,可选择比较适宜的管段采样,但采样断面与弯头等的距离至少是烟道直径的 1.5 倍,并应适当增加测点的数量和采样频次。

必要时应设置采样平台,采样平台应有足够的工作面积使工作人员安全、方便地操作。平台面积应不小于 1.5 m²,并设有 1.1 m 高的护栏和不低于 10 cm 的脚部挡板,采样平台的承重应不小于 200 kg/m²,采样孔距平台面约为（1.2～1.3）m。

（二）采样孔

在选定的采样位置上开设采样孔,采样孔的内径应不小于 80 mm,采样孔管长应不大于 50 mm。不使用时应用盖板、管堵或管帽封闭（见图 1 – 13）。

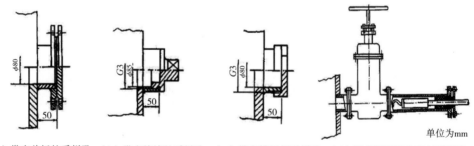

单位为mm

（a）带有盖板的采样孔　（b）带有管堵的采样孔　（c）带有管帽的采样孔　（d）带有闸板阀的密封采样孔

图 1 – 13　几种封闭形式的采样孔

a）对正压下输送高温或有毒气体的烟道,应采用带有闸板阀的密封采样孔[图 1 – 13（d）]。

b）对圆形烟道,采样孔应设在包括各测点在内的互相垂直的直径线上（图 1 – 14）。对矩形或方形烟道,采样孔应设在包括各测点在内的延长线上（图 1 – 15、图 1 – 16）。

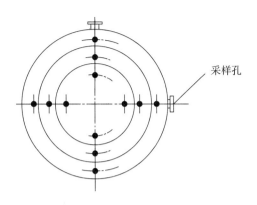

图 1 – 14　圆形断面的测定点

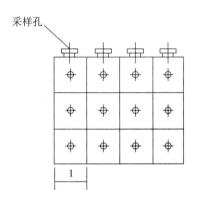

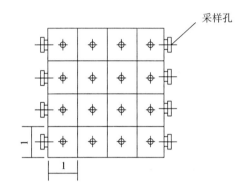

图 1 – 15　长方形断面的测定点　　　　　图 1 – 16　正方形断面的测定点

（三）采样点的位置和数目

1. 圆形烟道

a) 将烟道分成适当数量的等面积同心环,各测点选在各环等面积中心线与呈垂直相交的两条直径线的交点上,其中一条直径线应在预期浓度变化最大的平面内,如当测点在弯头后,该直径线应位于弯头所在的平面 A – A 内,见图 1 – 17。

b) 对符合"一、烟尘采样原则及方法选择"要求的烟道,可只选预期浓度变化最大的一条直径线上的测点。

c) 对直径小于 0.3 m、流速分布比较均匀、对称并符合"一、烟尘采样原则及方法选择"要求的小烟道,可取烟道中心作为测点。

d) 不同直径的圆形烟道的等面积环数、测量直径数及测点数如表 1 – 4 所示,原则上测点不超过 20 个。

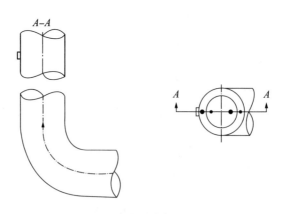

图 1 – 17　圆形烟道弯头后的测点

表 1 – 4　圆形烟道分环及测定点数的测定

烟道直径 D/m	等面积环数	测量直径数	测点数
$D < 0.3$			1
$0.3 \leqslant D < 0.6$	1 ~ 2	1 ~ 2	2 ~ 8
$0.6 \leqslant D < 1.0$	2 ~ 3	1 ~ 2	4 ~ 12
$1.0 \leqslant D < 2.0$	3 ~ 4	1 ~ 2	6 ~ 16
$2.0 \leqslant D < 4.0$	4 ~ 5	1 ~ 2	8 ~ 20
$D \geqslant 4.0$	5	1 ~ 2	10 ~ 20

e)测点距烟道内壁的距离,见图 1 – 18。按照表 1 – 5 确定。当测点距烟道内壁的距离小于 25 mm 时,取 25 mm。

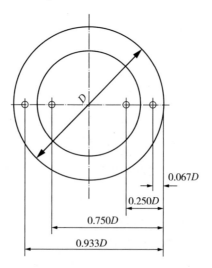

图 1 – 18　测点距烟道内部距离

表1-5　测点距烟道内部距离(以烟道直径 *D* 计)

测点号	环　数				
	1	2	3	4	5
1	0.146	0.067	0.044	0.033	0.026
2	0.854	0.250	0.146	0.105	0.082
3		0.750	0.296	0.194	0.146
4		0.933	0.704	0.323	0.226
5			0.854	0.677	0.342
6			0.956	0.806	0.658
7				0.895	0.774
8				0.967	0.854
9					0.918
10					0.974

2. 矩形或方形烟道

a)将烟道断面分成适当数量的等面积小块,各块中心即为测点。小块的数量按表1-6的规定选取,原则上测点不超过20个。

表1-6　矩(方)形烟道的分块和测点数

烟道断面积 S/m^2	等面积小块长边长度/m	测点总数
$S < 0.1$	< 0.32	1
$0.1 \leqslant S < 0.5$	< 0.35	$1 \sim 4$
$0.5 \leqslant S < 1.0$	< 0.50	$4 \sim 6$
$1.0 \leqslant S < 4.0$	< 0.67	$6 \sim 9$
$4.0 \leqslant S < 9.0$	< 0.75	$9 \sim 16$
$S \geqslant 9.0$	$\leqslant 1.0$	$16 \sim 20$

b)烟道断面面积小于0.1m²,流速分布比较均匀、对称并符合"一、烟尘采样原则及方法选择"要求的,可取断面中心作为测点。

当采样断面不规范时,可根据断面实际情况按照布点要求适当增加监测点位数量。

三、烟尘采样过程[以 3012H 型自动烟尘(气)测试仪为例]

(一) 参数设置

打开采样器电源开关,面板上的工作指示灯点亮,采样器进入初始状态,进行自检,自检结束后,自动进入主菜单,见图1-19。

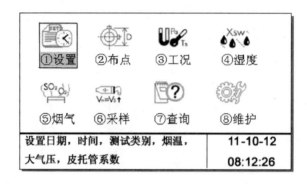

图1-19 主菜单界面

移动光标至相应菜单条,按"OK"键执行该项任务;或直接按菜单条对应的数字(①~⑧)键,也可执行该项任务。在主菜单状态,进入"①设置",屏幕显示见图1-20,可进行必要的参数设置,包括日期、时间、测试类别、烟温类别、大气压类别、皮托管系数、防倒吸等功能。

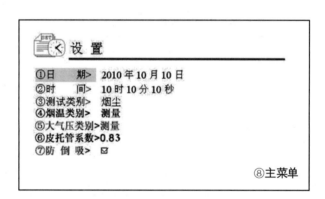

图1-20 设置菜单界面

（二）选择烟道类型并设置布点

观察现场烟道,确定烟道形状（圆形、矩形或其他类型）。

正确测量烟道壁厚度,并计算出烟道的中心位置。测量壁厚时,应先将烟道内的积灰彻底清除,特别是水平烟道内的积灰。若无法清除,应将积灰部分的面积从断面内扣除,按有效断面设置采样点。然后选择烟道类型并输入烟道尺寸,计算烟道布点位置,并用胶布在取样管上做好各采样点标识。

（三）预测流速

将烟尘采样器各接嘴悬空自动调零后，检查取样管手柄上的"＋""－"接嘴与采样器左侧面板上的 ΔP"＋""－"接嘴是否已连接正确，保证管路两端的接嘴的正负相同，即"＋"对"＋"，"－"对"－"。

在主菜单界面（见图 1－19）中选择"③工况"菜单，然后选择"②预测流速"菜单，屏幕显示见图 1－21。根据计算出的布点位置由内而外逐点预测流速，待每个测点的动压值基本稳定后按"OK"键"确认当前值"。根据预测情况选择一个能够保证最佳跟踪效率的工作"采样嘴"直径。

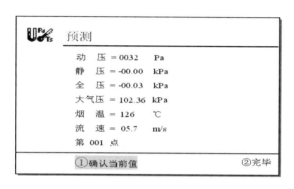

图 1－21　预测流速界面

（四）烟尘采样

a）从烟道中取出取样管，接入"预测流速"时推荐直径的采样嘴（取样管温度较高，拧入采样嘴时应小心，避免烫伤）。采样嘴的安装位置应与皮托管全压测孔同向并相互平行。

b）重新将取样管插入烟道，采样嘴与气流的方向垂直。

c）在主菜单状态（见图 1－19），光标移至"⑥采样"菜单，按"OK"键进入烟尘采样设置，屏幕显示见图 1－22。分别设置"滤筒号""单点采时"和"采样方式"。

注 1：采样方式有两种："设定流量"和"自动跟踪"。选择设定流量是以设定的恒定流量完成烟尘采样，选择自动跟踪是仪器根据实时测量的烟道内烟气流速计算的采样流量进行等速采样。

注 2：采样点数和采样嘴直径的数值自动使用"布点"和"工况"中选定的数值，建议不做更改。若确需更改，也可在此设置中进行更改，但采样嘴直径的更改一定要慎重（尤其是自动跟踪采样方式），以免影响采样结果。

d）光标移至"⑥启动采样"菜单，按"OK"键启动烟尘采样，屏幕显示见图 1－23。

启动烟尘泵的同时将取样管旋转,使采样嘴正对气流方向。如不能做到同步,应先启动泵,再立即反转采样嘴。

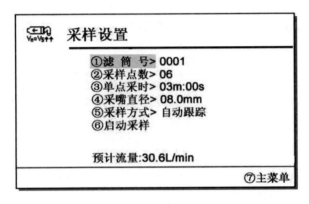

图 1 - 22　烟尘采样设置界面

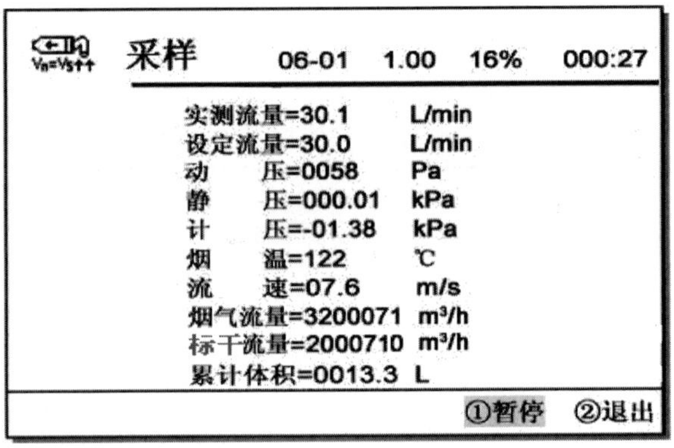

图 1 - 23　烟尘采样界面

e) 按照取样管上的测点标识,根据采样器的换点提示(蜂鸣器响起,屏幕闪烁),由内而外逐点测量。

注:采样过程中"暂停"采样或计算流量低于 10 L/min,采样器自动启动"防倒吸"功能,防止取样管中的烟尘被倒吸到烟道中。

f) 采样结束后,采样器自动显示采样结果,若数据有效,可选择"①保存"菜单,或连接打印机直接打印数据(见图 1 - 24)。保存数据后,采样器自动返回烟尘采样设置界面(见图 1 - 22)。选择"⑥启动采样",可继续下一次采样。

g) 全部采样结束后,取下采样器所有管路连接,从主菜单界面进入"④湿度",使采样器在湿度测量状态空转(5 ~ 10)min,然后停止测量,关闭电源,将所有附件整理后装回采样器附件箱中。

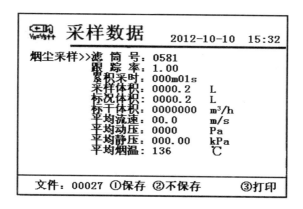

图 1-24　采样数据

四、采样过程质量控制

（一）采样前质量控制

a）用洗耳球吹洗滤筒或滤膜，充分去掉滤筒或滤膜表面的纤维屑。用手电筒检查滤筒或滤膜上是否存在针孔。然后将滤筒或滤膜进行编号，将滤筒或滤膜放在马弗炉中烘焙 1 h，烘焙温度 180 ℃或大于烟温 20 ℃（取两者较高的温度），冷却后，放入恒温恒湿室平衡至少 24 h，用分辨力 0.01 mg 天平称量（当称量误差和样品增重满足称量要求时，也可使用分辨力为 0.1 mg 的天平，天平量程应与被称重部件的质量相符），两次称量重量之差应不超过 0.5 mg[15]。

b）检查烟尘采样器功能是否正常，干燥器中的硅胶是否失效。

c）检查烟尘采样器采样系统是否漏气，如发现漏气，应再分段检查，堵漏，直至合格。检测时，堵严采样管滤筒夹处进口，打开采样泵，调节泵进口的调节阀，使系统中的真空压力表或压力传感器负压指示为 6.7 kPa，关闭连接抽气泵的橡胶管，记录 30 s 内真空压力表或压力传感器的负压读数下降值。

（二）采样中质量控制

a）打开烟道的采样孔，清除孔中的积灰。

b）仪器压力测量进行零点校准后，将组合式采样管插入烟道中，测量各采样点的温度、动压、静压、全压及流速，选取合适的采样嘴。

c）将烟气含湿量温度检测器贮水筒注水后拧紧，并保持垂直方向插入烟道。

d）记下滤筒编号，将已称重的滤筒装入采样管内，旋紧压盖，注意采样嘴与皮托管全压测孔方向一致。

e)设定每点的采样时间,输入滤筒编号,将采样管插入烟道中,密封采样孔。

f)使采样嘴及皮托管全压测孔正对气流,位于第一个采样点。启动抽气泵,开始采样。第一点采样时间结束,仪器自动发出换点提示信号,立即将采样管移至第二采样点继续进行采样。依次类推,顺序在各点采样。采样过程中,采样器自动调节流量保持等速采样。

（三）采样后质量控制

a)采样结束后,烟尘采样器有30 s防倒吸提示:"采样嘴背向气流,迅速取出采样管"。按照提示,迅速取出取样管(注意不要倒置),关闭采样泵,保存采样数据。小心地从烟道中取出组合式采样管。

b)用镊子将滤筒取出,轻轻敲打前弯管,并用细毛刷将附着在前弯管内的尘粒刷到滤筒中,将滤筒用纸包好,放入专用的容器中保存。

c)此时应再测量一次采样点的流速,与采样前的流速相比,如相差大于20%,样品作废,重新采样。

d)将采样嘴取下,放回专用的盒中,并用堵头封住组合式采样管采样入口。皮托管套上保护套,防止碰坏。

e)采样结束后认真填写采样原始记录单(如表1-7所示),需2名监测人员签字确认。

表1-7　固定污染源废气颗粒物监测原始记录

固定污染源废气颗粒物监测原始记录

单位名称_____监测地点_____监测时间_____温度_____大气压_____

监测对象(型号、名称、编号)_____

监测仪器(型号、名称、编号)_____

监测方法依据GB/T 16157—1996固定污染源排气中颗粒物测定与气态污染物采样方法

滤筒号	采样量 m³	滤筒初重 g	滤筒终重 g	测量处截面积 m²	动压 Pa	静压 Pa	烟温 ℃	流速 (m/s)	标态流量 (m³/h)

监测人员：　　　　　　　复核：　　　　　　　批准：

第六节　烟尘采样器简单故障及解决方法

由于采样工况条件比较复杂,烟尘采样器在使用过程中会出现一些故障问题,烟尘采样器出现的故障现象及解决方法如表1-8所示。

表1-8　烟尘采样器简单故障及解决方法

故障现象	可能原因	解决方法
打开采样器电源开关,显示屏无显示	1)未接通电源; 2)采样器保险丝烧断	1)接通220V电源; 2)更换保险丝
测量动压为零或负值	1)测量前未对压力调零; 2)皮托管接反; 3)测量管路漏气; 4)调零时皮托管接嘴未悬空	1)调零; 2)正确连接皮托管; 3)寻找漏气源堵漏或更换采样管路; 4)悬空皮托管接嘴,重新调零
采样时计算流量偏小	采样嘴选择过小	选大采样嘴
采样泵转速达到最高,测试流量仍然跟踪不上计算流量(但不为零)	1)气路堵塞; 2)采样泵需清洗; 3)滤筒型号差异; 4)流速大,烟道负压大	1)疏通气路; 2)清洗采样泵; 3)使用标准滤筒; 4)选小采样嘴
启动烟尘采样,泵不转	1)烟尘泵卡住; 2)烟尘电机烧坏; 3)动压为零,计算流量为零	1)维修烟尘泵; 2)维修更换烟尘电机; 3)正常现象
测量风量偏离过大	1)$\Phi 4 \times 7$ 橡胶管堵塞; 2)$\Phi 4 \times 7$ 橡胶管漏气	1)疏通橡胶管; 2)寻找漏气源堵漏或更换橡胶管
打印无数据或不打印	1)打印纸装反; 2)打印机设置不正确	1)打印纸翻转,光面朝上; 2)参照打印机说明书
插入U盘后仍显示"请插入U盘!"	采样器不能识别U盘	将U盘格式化(FAT32格式)
采样时,出现液体进入主机	干燥器中的硅胶已失效	及时更换干燥器中的硅胶

第七节 烟尘采样器检定实例

一、检定用标准器及配套设备

按照 JJG 680—2007《烟尘采样器》要求[16]，检定过程中使用的计量标准器及要求如表 1-9 所示。配套设备包括压力调节阀、三通、硅橡胶管等。

表 1-9 烟尘采样器检定用计量标准器及要求

标准器	要　　求
流量标准器	准确度等级为 1.5 级
精密水银温度计	范围(0 ~ 50) ℃，分度值为 0.1 ℃
电子秒表	分度值 0.01 s
空盒气压计	量程范围(800 ~ 1060) hPa
绝缘电阻表	额定电压 500 V，准确度等级 10 级
加压泵	加压范围不小于(-50 ~ 50) kPa
补偿式微压计	(0 ~ 2500) Pa，准确度级别不低于二等

二、检定项目及要求

按照烟尘采样器检定规程检定要求，需要进行检定的项目并满足相应的要求，如表 1-10 所示。

表 1-10 检定项目及要求

检定项目		要　　求
外观检查		结构完整，外观良好，功能正常，标识清楚
绝缘电阻		≥20 MΩ
流量示值误差	瞬时流量示值误差	不超过 ±5% FS
	累积流量示值误差	不超过 ±5% FS
气密性		负压(4 ~ 4.2) kPa 时，1 min 内压降 <120 Pa
抽气能力		抽气流量 30 L/min 时，系统负压 ≥20 kPa
计时误差		计时 10 min，不超过 ±2 s
流量稳定性		40 min 内变化不大于 5%

续表

检定项目		要　求
温度示值误差	流量计前温度示值误差	不超过 ±2.5℃
	烟气温度示值误差	不超过 ±3℃
动压示值误差		不超过 ±2% FS
静压示值误差		不超过 ±4% FS
流量计前压示值误差		不超过 ±2.5% FS
压力零点漂移		1 h 内,零点漂移 ≤ 4Pa
等速吸引误差		≤20s

三、检定方法

下面使用崂应 8040 型智能高精度综合标准仪对 3012H 自动烟尘气测试仪进行检定。

(一) 外观检查

采用目察手感的方法,被检仪器应结构完整,连接可靠,各按键正常;仪器外观应无影响仪器正常工作的损伤,显示部分清晰完整;仪器铭牌清晰标明仪器名称、型号、出厂年月、编号、制造计量器具许可证标志及制造厂名称等。

(二) 绝缘电阻检查

首先将仪器处于非工作状态,开关置于接通位置,将绝缘电阻表的接线端分别接到仪器电源插头的相线与机壳上,因机壳上的金属部件与机壳相连,也可将插头连接到任意金属件上,连接见图 1 - 25。以 120 r/min 的转速施加 500 V 直流试验电压,稳定 5 s 后,读取绝缘电阻表指示的绝缘电阻值。绝缘电阻应不小于 20 MΩ,仪器合格。

(三) 流量示值误差检定

检定前应查看温度计及空盒气压表示数,记录当前环境温度及大气压,并将烟尘采样器温度及大气压设置为当前环境温度和大气压。在保证烟尘采样器所有外接口悬空的状态进行自动校零。

注:由于检定过程中没有连接烟枪,因此需将烟温输入为当前环境温度及大气压。

1. 瞬时流量示值误差检定

烟尘采样器所有外接口悬空自动校零完毕后,在崂应 8040 型智能高精度综合标准仪(以下简称"标准仪")主操作界面中选择"中流量"选项,校零结束后,进入中流量显示界面,见图 1 - 26。

1—烟尘测试仪;2—绝缘电阻表

图 1 - 25　绝缘电阻检定连接示意图

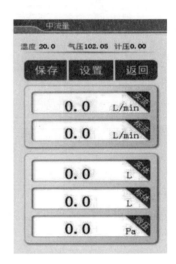

图 1 - 26　中流量显示界面

将中流量界面中的温度和大气压修改为检定环境温度和大气压,然后将标准仪出气口与烟尘采样器的进气口相连,连接见图 1 - 27。然后分别调节采样流量为 20 L/min、40 L/min、50 L/min,启动采样器,待流量稳定后,读取标准流量值,每个检定点重复检定两次,按公式(1 - 2)计算瞬时流量示值误差 E。

$$E = \frac{q_v - \overline{q}_{vs}}{q_{max}} \times 100\% \tag{1 - 2}$$

式中:q_v——仪器瞬时流量示值,L/min;

$\overline{q}_{vs}$——流量标准器或装置的两次测量结果平均值,L/min;

q_{max}——仪器瞬时流量的满量程值,L/min。

取三个计算结果中绝对值最大值的结果作为检定结果,瞬时流量示值误差应不超过 ±5% FS。

2. 累计流量示值误差检定

首先烟尘采样器和标准仪进行悬空校零,然后将标准仪出气口与烟尘采样器的进气口相连,连接见图 1 - 27,调节烟尘采样器流量为 30 L/min,采样时间设置为 10 min,启动采样泵,待流量稳定后,分别记录标准仪和烟尘采样器累积体积值。按公式(1 - 3),计算累积流量示值误差 δ_L。要求累计流量示值误差应不超过 ±5% FS。

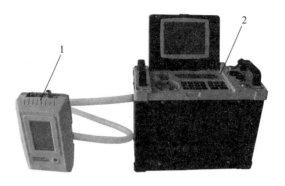

1—崂应 8040 型智能高精度综合标准仪;2—烟尘测试仪

图 1 – 27 流量示值误差检定连接示意图

$$\delta_L = \frac{V - V_{标}}{V_{标}} \times 100\% \qquad (1 - 3)$$

式中:δ_L——累积流量示值误差, %;

V——烟尘采样器显示的累积流量值,L;

$V_{标}$——流量标准仪显示的累积流量值,L。

（四）计时误差检定

设定烟尘采样器的采样时间为 10 min,启动仪器,同时用电子秒表进行计时 10 min,连续重复测量三次,取其平均值进行计算。按公式(1 - 4)计算计时误差,要求计时 10 min,计时误差应不超过 ± 2 s。

$$\delta_t = t_1 - \bar{t}_2 \qquad (1 - 4)$$

式中:δ_t——计时误差,s;

t_1——烟尘采样器设定的采样时间,s;

$\bar{t}_2$——电子秒表三次测量时间的平均值,s。

（五）气密性检定

打开采样器机壳,在流量测量装置排气口与尘泵进气口串联一个压力调节阀,将装好新滤筒的采样管前端连接标准仪,抽真空到 4.2 kPa 时关闭压力调节阀,使压力稳定到(4 ~ 4.2) kPa,记录此时标准仪压力读数 U_1,静置 1 min 后再次记录标准仪压力读数 U_2,按公式(1 - 5)计算得到 U_1 与 U_2 之差应不超过 120 Pa。

$$\Delta U = U_2 - U_1 \qquad (1 - 5)$$

式中:ΔU——气路系统内负压的变化值,Pa;

U_1——压力计初始读数,Pa;

U_2——计时 1 min 后压力计读数,Pa。

（六）抽气能力检定

连接好采样器气路系统,采样管装上新滤筒,用三通将负压表接入管路中,在采样管入口处加压力调节阀,连接见图 1 - 28。设定采样器的采样流量为 30 L/min,启动采样,用压力调节阀逐渐密封采样嘴进气口,记录管路中负压表的读数,负压值应满足不小于 20 kPa。

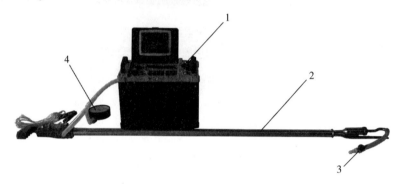

1—烟尘测试仪;2—烟尘多功能取样管;3—压力调节阀;4—真空表

图 1 - 28　抽气能力检定连接示意图

（七）流量稳定性

首先烟尘采样器和标准仪进行悬空校零,然后将标准仪出气口与烟尘采样器的进气口相连,连接见图 1 - 27,设定采样流量为 50 L/min,启动采样器,稳定 1 min 后使用流量标准仪测量出采样流量 q,并开始计时,以后每隔 10 min 读取一次,共四次,取五个读数中的最大值 q_{max} 和最小值 q_{min},按公式(1 - 6)计算采样流量稳定性 δ,要求流量稳定性变化不超过 5%。

$$\delta = \frac{(q_{max} - q_{min})}{q} \times 100\% \qquad (1-6)$$

式中:q——用流量标准仪或装置读出的被检采样点的初始流量,L/min;

q_{max}——用流量标准仪或装置测量出的被检采样点的最大流量值,L/min;

q_{min}——用流量标准仪或装置测量出的被检采样点的最小流量值,L/min。

（八）温度示值误差检定

1. 流量计前压温度示值误差检定

开启采样器电源,在检定环境下,将标准温度计与采样器流量计前温度计置于相同测量点,同时读取温度测量示值和标准温度计的示值,按公式(1 - 7)计算出示值误

差 δ_T,应满足 $|\delta_T| \leqslant 2.5$ ℃的要求。

$$\delta_T = T_{被} - T_{标} \tag{1-7}$$

式中:δ_T——温度示值误差,℃;

　　$T_{被}$——采样器温度测量值,℃;

　　$T_{标}$——标准温度计测量值,℃。

注:流量计前温度应务必在被检仪供电后尽快进行,防止采样器程序升温影响检定结果。

2. 烟气温度示值误差

将温度测量探头与采样器连接后和标准温度计同时放入温浴(箱),对 80 ℃、120 ℃、200 ℃三个温度点进行检定,示值稳定后,分别记录被检温度值和标准温度计的示值,按公式(1-7)计算出示值误差,取三个计算结果中绝对值最大值的结果作为检定结果,应不超过 ±3 ℃。

(九) 压力示值误差检定

压力示值误差检定前,需要将采样器和标准仪(表压和微压)各接嘴悬空校零,标准仪微压和表压校零如下:

将微压和表压接嘴管路悬空后,在主界面上,选择"微压"或者"表压",进入校零界面。校零完毕后,选择"确定"进入相应的"微压"或"表压"的检定界面。

1. 流量计前压力示值误差检定

a)将采样器前面板打开,取下与流量计前压传感器相连接的管路(注意需要摘取三通一端,不要直接摘取流量计前压传感器接嘴端,防止摘取过程中对传感器造成损害)。在压力发生器的压力输出端接一个三通,其中一端接标准仪的表压"+"接口,另一端接流量计前压力测量口,连接见图 1-29。

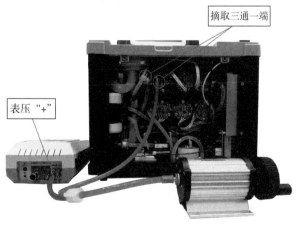

图 1-29　流量计前压检定连接示意图

b)在测量范围内均匀选择包括 0 点在内的五个测量点,在不变动管路连接状态的情况下调节压力发生器至检定点,同时记录数字式压力计和被检仪器压力示值。上下行程各一次,按公式(1-8)计算流量计前压力示值误差,以八个计算结果中绝对值最大值的结果作为检定结果,流量计前压示值误差应不超过 ±2.5% FS。

$$\delta_p = \frac{p_设 - p_标}{p} \times 100\% \qquad (1-8)$$

式中:$p_设$——采样器压力测定值,kPa;

$\quad p_标$——标准压力计测定值,kPa;

$\quad p$——采样器压力测量装置的满量程值,kPa。

2. 静压力示值误差检定

a)在压力发生器的压力输出端接一个三通,一端连接标准仪表压"+"接口,另一端再接一个三通,分别连接到两个口接采样器 ΔP"+""-"接口,连接见图 1-30。

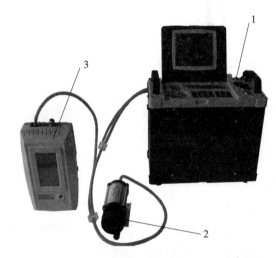

1—烟尘测试仪;2—压力发生器;3—崂应 8040 型智能高精度标准仪

图 1-30 静压力示值误差检定连接示意图

b)在测量范围内均匀选择包括 0 点在内的五个测量点,调节压力发生器使标准发生压力至检定点,同时记录标准仪和采样器压力显示值,上下行程各一次,按公式(1-8)计算被检仪器压力示值误差,以 10 个计算结果中绝对值最大值的结果作为检定结果,要求静压示值误差应不超过 ±4% FS 的要求。

3. 动压力示值误差检定

a)在压力发生器的压力输出端接一个三通,一端连接标准仪微压"+"接口,另一端连接采样器 ΔP"+"接口,连接见图 1-31。

b)分别调节压力发生器至检定点 0 Pa,100 Pa,500 Pa,900 Pa,计算并记录各检定点的动压示值误差;取各示值误差中绝对值最大者作为采样器动压示值误差,应不超

过 ±2% FS 的要求。

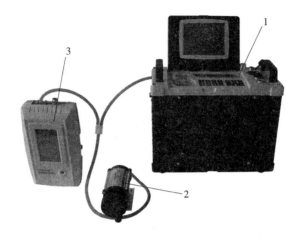

1—烟尘测试仪;2—压力发生器;3—崂应 8040 型智能高精度综合标准仪

图 1 – 31　动压力示值误差检定连接示意图

（十）压力零点漂移

开机预热 10 min,使采样器所有外接口悬空执行自动校零操作,进入预测流速状态。记录动压初始示值 $p_{d初}$,以后每隔 10 min 读取零点示值 p_{di} 一次,共 7 次,按公式(1 – 9)计算零点漂移,取其中绝对值最大值作为该采样器的零点漂移值,在 1 h 内,零点漂移应≤4 Pa。

$$p_d = p_{di} - p_{d初} \qquad (1 - 9)$$

式中:p_d——零点漂移值,Pa;

　　$p_{d初}$——零点初始示值,Pa;

　　p_{di}——第 i 次零点示值,Pa。

（十一）等速跟踪响应时间检定

首先调节补偿式微压计螺钉,使其处在水平(观察气泡在黑圈中间),将微调盘和示度块调到"0"点后,调节动压管螺母,在反光镜中能观察到水准头与液面相切。

然后将采样器的采样嘴内径设为 8 mm,采样模式为等速跟踪模式,连接采样器的动压接口与补偿式微压计高端接口,连接见图 1 – 32,启动采样。

调节补偿式微压计使采样器实际跟踪流量达到 30 L/min 稳定后,迅速调节补偿式微压计,使采样器计算流量高于检测点(6 ~ 9)L/min 并用秒表计时,记录从调节补偿式微压计时起到实际跟踪流量值变化到调高 90% 时的时间。待实际跟踪流量值稳定后,迅速调节补偿式微压计,使计算流量回到 30 L/min 的检测点并用秒表

1—烟尘测试仪;2—压力发生器;3—补偿式微压计

图 1-32 等速跟踪响应时间检定连接示意图

计时,记录从调节补偿式微压计时起到实际跟踪流量值变化到调低值 90% 时的时间。上下行程重复测量三次,取六个测量结果的平均值作为采样器等速跟踪响应时间,应≤20 s。

参考文献

[1] 梁云平. 固定源低浓度颗粒物监测技术现状与思考[J]. 中国环境监测,2013,29(5): 161 - 164.

[2] GB 13223—2011 火电厂大气污染物排放标准.

[3] DB 37/664—2013 山东省火电厂大气污染物排放标准.

[4] DB 11/139—2007 锅炉大气污染物排放标准.

[5] DB 11/501—2007 大气污染物综合排放标准.

[6] ISO 12141:2002 Stationary source emissions – Determination of mass concentration of particulate matter(dust) at low concentrations – Manual gravimetric method.

[7] ISO 9096:2003 Stationary source emissions – Manual determination of mass concentration of particulate matter.

[8] ANSI/ASTM D6331 - 1998 Test method for determination of mass concentration of particulate matter from stationary sources at low concentrations (Manual gravimetric method).

[9] US EPA method 5I Determination of low level particulate matter emissions.

[10] GB 5468—1991 锅炉烟尘测试方法.

［11］GB/T 16157—1996　固定污染源排气中颗粒物测定与气态污染物采样方法.

［12］竹涛,徐东耀,于妍. 大气颗粒物控制［M］. 北京:化学工业出版社,2013.

［13］EPA Method 5　Determination of Particulate Matter Emission from Stationary Sources.

［14］EPA Method 17　Determination of Particulate Matter Emission from Stationary Sources.

［15］冯捷,谭景祥,曲伟. 浅谈烟尘监测过程中的质量保证［J］. 能源环境,2014,18:76.

［16］JJG 680—2007　烟尘采样器.

第二章　烟气分析仪/采样器

第一节　烟气分析仪产生背景

随着国民经济的快速发展和生活水平的不断提高,重工业发展迅猛、交通运输工具普及,随之而来的,大量有害物质排入环境大气,改变了空气正常组分,使空气质量逐步恶化。大气污染所引发的健康问题,也引起各国政府和民众的极大重视。

大气污染是指由于人类活动或自然过程引起某些物质进入大气中,呈现出足够的浓度,持续一定的时间,并因此危害人体的舒适、健康或环境污染的现象。

目前已知的大气污染物种类非常多,正式列入我国环境保护标准的大气污染物达数百种。大气污染物分类方法多种多样,按污染物的物质类型可以主要分为气体、颗粒物和复合型三类。气体污染物主要包括 SO_2、NO_x、气态有机化合物、CO、O_3 等光化学烟雾中气态污染物和一些含卤族元素的气体等。颗粒物主要包括粉尘和酸雾及其他气溶胶颗粒等。当各种气体、颗粒污染物在同一地区,在同一时段出现时,便是复合型污染物。

当前,全球经济竞争格局正在发生深刻变革,世界各国为寻找下一轮经济增长动力,开始大力关注对国民经济发展和国家安全具有重大影响力的战略性新兴产业的培育。培育新的经济增长点、抢占国际经济科技制高点成为世界大国竞逐发展的主要途径,以节能环保、新能源、信息、生物等为代表的新兴产业正在引领新一轮科技浪潮。哥本哈根会议以后,"低碳"成为经济、生活的热门话题,环保的重要性更是被提到了前所未有的高度。

矿物燃料作为我国的主要能源,在我国的一次能源构成中其比例超过 70%,而近九成的煤炭产量是直接用作燃料,其燃烧产生大量烟煤型和无烟煤型污染物。因此,中国的大气环境污染仍然以煤烟型为主,而煤烟的成分随煤的质量而变,煤烟的污染气体以多环芳烃为主,无烟煤则以 SO_2 和硫酸盐为主。以煤炭为燃料的电站锅炉等各类固定污染源烟道排放的烟气中主要污染气体为 SO_2、NO_x 和 CO 等,以液体燃料(主要是石油)为燃料的锅炉等固定污染源烟道排放的烟气中主要污染气体为 NO_x、CO_x 和苯类化合物。随着人类经济活动和生产的迅速发展,人们在大量消耗能源的同时,也将大量的废气、烟尘物质排入大气,严重影响了大气环境的质量,特别是在人口稠密的城市和工业区域。我国是大气污染非常严重的国家之一,SO_2,NO,NO_2 和 CO 排放量的增加使我国空气环境质量迅速下降。面对日益严峻的环境污染,对固定污染源进行实时、准确的现场监测,通过有效数据进行监督执法,降低其排放量是摆在全国环境保护工作者面前最艰巨的任务之一。特别是近年来的一些地区的无良企业工业废气超标排放,造成大气严重污染,引起了社会、民众的广泛关注和国家环保管理部门的高度重视。

在大气污染日渐严重的严峻形势之下,人们迫切希望能有效监督各种工业过程进行,减少废气排放量,同时为了提高燃烧效率、节约能源、减少大气污染、控制燃烧过程的燃料空气比,必须有效的测量烟气中各种成分的含量。因此各种气体监测设备应运而生,监测对象和应用的场合千差万别。烟气分析仪是用来测量气体成分及含量的仪器,通常用于检测工业燃料燃烧所产生的污染气体,比如 CO,CO_2,NO,NO_2,SO_2,NH_3 等。通过烟气分析仪对燃烧产生的 CO 含量进行检测,可以计算出燃烧效率,利于节能生产;对其他气体的浓度测量,既便于给出排放废气超标有说服力的依据,也便于定量的治理污染气体排放。通过烟气监测还可以确定重点污染源并对污染源进行实时监控。然而过去的烟气监测,从样品的采集到分析结果的显示要经过多个环节,不仅工作量大,而且此过程中样品易污染,造成数据失真。因此,采用新技术装备,提高监测效率和数据分析的准确性显得非常重要。

第二节 气态污染物(烟气)采样分析方法原理

气态污染物(烟气)采样分析方法根据测试分析方法不同,分化学采样法和仪器直接测试法。[1-2]

一、化学采样法

1.化学采样法原理

通过采样管将样品抽入到装有吸收液的吸收瓶或装有固体吸附剂的吸附管、真空瓶、注射器或气袋中,样品溶液或气态样品再经化学分析或仪器分析得出污染物含量。

2.采样系统

a)吸收瓶或吸附管采样系统。由采样管、连接导管、吸收瓶或吸附管、流量计量箱和抽气泵等部分组成,见图 2-1,当流量计量箱放在抽气泵出口时,抽气泵应严密不漏气。

b)真空瓶或注射器采样系统。由采样管、真空瓶或注射器、洗涤瓶、干燥器和抽气泵等组成,见图2-2和图2-3。

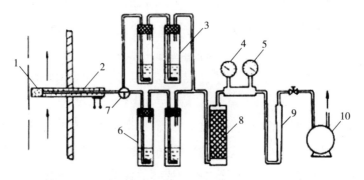

1—烟道;2—加热采样管;3—旁路吸收瓶;4—温度计;5—真空压力表;

6—吸收瓶;7—三通阀;8—干燥器;9—流量计;10—抽气泵

图2-1 烟气采样系统

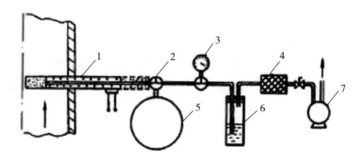

1—加热采样管;2—三通阀;3—真空压力表;4—过滤器;

5—真空瓶;6—洗涤瓶;7—抽气泵

图2-2 真空瓶采样系统

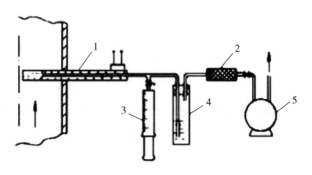

1—加热采样管;2—过滤器;3—注射器;4—洗涤瓶;5—抽气泵

图2-3 注射器采样系统

3. 确定采样方法和采样装置

包括有机物在内的某些污染物,在不同烟气温度下,或以颗粒物或以气态污染物形式存在。采样前应根据污染物状态,确定采样方法和采样装置,如细颗粒物则按颗粒物等速采样方法采样。

二、仪器直接测试法

1. 仪器直接测试法原理

通过采样管和除湿器,用抽气泵将样气送入分析仪器中,由分析仪中不同类型传感器测量计算后直接指示被测气态污染物的含量。

2. 测试系统

由采样管、除湿器、抽气泵、测试仪和校正用标准气体等部分组成,见图2-4。

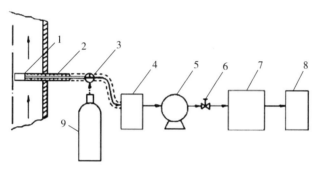

1—滤料;2—加热采样管;3—三通阀;4—除湿器;5—抽气泵;

6—调节阀;7—分析仪;8—记录器;9—标准气瓶

图2-4 仪器测试法采样系统

第三节 烟气分析仪原理

便携式烟气分析仪主要应用于测量烟气中的二氧化硫、氮氧化物、一氧化碳等有害气体及氧气的浓度,是在对气体含量、压力、温度进行监测的同时通过液晶显示器将上述这些参数显示出来,同时对测量数据进行存储的仪器,从而更全面地反映被测气体在特定环境中所显示的特性。便携式烟气分析仪显示直观、操作简易、携带方便、数据处理能力强,除可用于工业烟气分析外,还可扩展到生物、医疗、食品分析等其他场合,是一种新型便携式节能分析仪器。

便携式烟气分析仪常用的化学法测量方法是溶液吸收法,常用的仪器直接测试法采样包含电化学测试方法和光学法等,其中光学法分为紫外差分吸收光谱法和非分散红外法等。

一、电化学测试方法烟气分析仪的基本原理[3]

(一) 电化学测试方法

电化学测试方法又称为定电位电解法,其工作原理是将待测气体经过除尘、去湿后进入传感器室,经由渗透膜进入电解槽,使在电解液中被扩散吸收的气体在规定的氧化电位下进行电位电解,产生极限扩散电流,在一定范围内其电流大小与气体浓度成正比,再根据耗用的电解电流求出其气体的浓度。见图2-5。

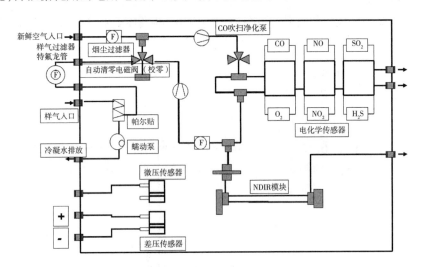

图2-5 定电位电解法烟气分析仪的基本原理

(二) 定电位电解法-基本结构

国内外主要仪器生产厂家的测定仪,其核心原理均为定电位电解传感器测定。

定电位电解传感器主要由电解槽、电解液和电极组成,传感器的三个电极分别称为敏感电极(sensing electrode)、参比电极(reference electrode)和对电极(counter electrode),简称S,R,C。定电位电解传感器结构见图2-6。

在一个塑料制成的筒状池体内安装工作电极、对电极和参比电极,在电极之间充满电解液,由多孔四氟乙烯做成的隔膜,在顶部封装。前置放大器与传感器电极的连接,在电极之间施加了一定的电位,使传感器处于工作状态。气体在电解质内的工作电极发生氧化或还原反应,在对电极发生还原或氧化反应,电极的平衡电位发生变化,变化值与气体浓度成正比。

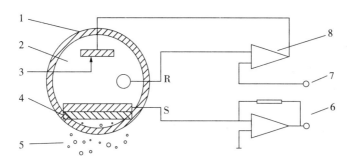

1—电解槽;2—电解液;3—电极;4—过滤层;

5—被测气体;6—信号输出;7—基准电位;8—放大器

图 2-6 定电位电解传感器结构图

可测量 SO_2,NO,NO_2,CO,H_2S 等气体,但这些气体传感器灵敏度却不相同,灵敏度从高到低的顺序是 H_2S,NO,NO_2,SO_2,CO,响应时间一般为几秒至几十秒,一般小于 1 min;由于传感器的制作对工艺和材料的特殊要求,目前仍然主要依赖进口。

以氮氧化物为例传感器的工作过程为:被测气体由进气孔通过渗透膜扩散到敏感电极表面。在敏感电极、电解液、对电极之间进行反应,参比电极在传感器中不暴露在被分析气体之中,用来为电解液中的工作电极提供恒定的定电位电解法电位。被测气体通过渗透膜进入电解槽,传感器电解液中扩散吸收的一氧化氮或二氧化氮发生化学反应,与此同时产生的极限扩散电流 i,在一定范围内其大小与一氧化氮或二氧化氮的浓度成正比[4]。反应式如公式(2-1)。

$$i = \frac{Z \cdot F \cdot S \cdot D}{\delta} \times c \qquad (2-1)$$

式中:i——极限扩散电流;

Z——电子转移数;

F——法拉第常数;

S——气体扩散面积;

D——扩散常数;

δ——扩散层厚度;

c——一氧化氮浓度。

依据国内外相关文献,目前全球主要电化学传感器中,一氧化氮传感器电解液中扩散吸收的一氧化氮发生氧化反应[如公式(2-2)];二氧化氮传感器电解液中扩散吸收的二氧化氮有的发生还原反应[如公式(2-3)],也有的发生氧化反应[如公式(2-4)]。

$$NO + 2H_2O \rightarrow HNO_3 + 3H^+ + 3e \qquad (2-2)$$

$$NO_2 + 2H^+ + 2e^+ \rightarrow NO + H_2O \qquad (2-3)$$

$$或 \qquad NO_2 + 2e^- \rightarrow NO + O^{2-} \qquad\qquad (2-4)$$

二、光学法 – 紫外吸收光谱原理烟气分析仪的基本原理[5]

紫外吸收光谱检测技术的基础是,紫外光与分子相互作用时被分子吸收导致光能的变化,由于不同分子内部电子能级的跃迁能量和几率的不同,使得不同分子具有特征吸收光谱。

SO_2、NO 和 NO_2 吸收(200 ~ 400) nm 近紫外光区内特征波长的光,由比尔 – 朗伯定律(Beer – Lambert law)定量废气中 SO_2、NO 和 NO_2 的浓度。

(一) 紫外吸收光谱

紫外吸收光谱检测技术的原理是,紫外光与气体分子相互作用时由分子吸收引起光能的变化,由于不同分子内部电子能级的跃迁能量和几率的不同,使得不同分子具有特征吸收光谱,因此,紫外吸收光谱能够定量描述分子在紫外波段的吸收能力。通常用吸收截面来描述单位分子的紫外吸收光谱。

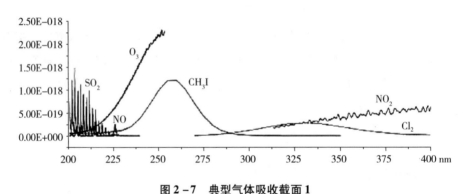

图 2 – 7　典型气体吸收截面 1

图 2 – 7 和图 2 – 8 为典型的紫外波段气体吸收截面图,该段气体主要包括:SO_2,NO,NO_2,O_3,NH_3,CH_2O,C_6H_6,C_7H_8,Cl_2 等。因此与传统传感器相比 SO_2 不受 CO 等气体干扰,抗干扰能力更强。

通过吸收光谱可分析分子浓度,其测量原理就是比尔 – 朗伯定律[公式(2 – 5)]。

$$I(\lambda) = I_0(\lambda)\exp\left(-L\Delta(\lambda)c\right) \qquad\qquad (2-5)$$

式中:$I(\lambda)$——紫外光穿过浓度为 c 和光程为 L 的待测气体后的光强;

$I_0(\lambda)$——波长为 λ 的入射光强;

$\Delta(\lambda)$——气体的吸收截面;

$L\Delta(\lambda)$——光学密度。

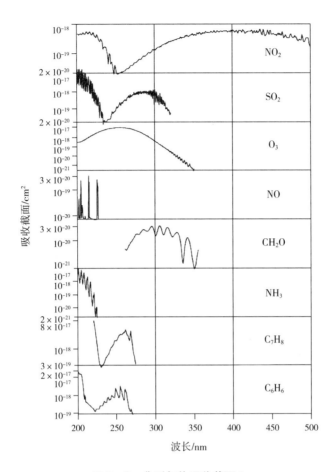

图 2 - 8　典型气体吸收截面 2

物质对光的吸收程度与吸收介质的厚度 L、浓度 c 以及物质本身的吸收截面成指数关系。

（二）DOAS 技术

差分吸收光谱（Differential Optical Absorption Spectroscopy，DOAS）是一种利用气体分子的吸收光谱高精度计算气体浓度的技术，由德国海德堡大学环境物理研究所的乌尔里希·普拉特（Ulrich Platt）教授首先提出。

DOAS 技术的基本原理是利用待测分子的窄带吸收特性来鉴别分子，并根据窄带吸收强度反演出分子的浓度。将分子的吸收截面看成是两部分的叠加，其一是随波长缓慢变化的部分，构成光谱的宽带结构，其二是随波长快速变化的部分，构成光谱的窄带精细结构，如公式（2 - 6）。

$$\Delta i(\lambda) = \Delta i_0(\lambda) + \Delta i_r(\lambda) \tag{2-6}$$

其中 $\Delta i(\lambda)$ 是分子的吸收截面，$\Delta i_0(\lambda)$ 是吸收截面随波长缓慢变化的部分，

$\Delta i_r(\lambda)$ 是吸收截面随波长急剧变化的部分。DOAS 方法的原理就是在吸收光谱中剔除光强随波长缓慢变化的部分,而只留下随波长快速变化的部分,然后用快速变化部分去反演气体的浓度,从而可以避免因为光源漂移、粉尘干扰等因素引起的测量值漂移。

(三)光学技术平台

分析仪采用如下光学技术平台来获得紫外吸收光谱,该技术平台由光源、气体室、光纤和光谱仪(含光阑、全息光栅、线阵检测器)等光学组件构成(见图 2 - 9)。

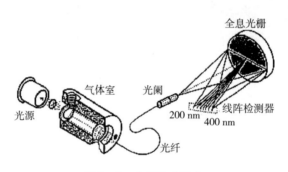

图 2 - 9　光学技术平台

光源发出的紫外可见光经光学窗口进入气体室,被流经气体室的被测样气所吸收,携带被测样气吸收信息的光经透镜汇聚后耦入光纤,经光纤传输送入光谱仪进行分光、探测,得到气体的吸收光谱。

通过对光谱进行分析,即可分析出气体中相关组分的浓度。

三、光学法 - 非分散红外法烟气分析仪的基本原理[6-8]

多种气体对不同波长红外光的吸收存在差异。当不同波长的红外辐射依次照射到样品物质时,由于某些波长的辐射能被样品选择吸收而减弱于是形成了特征吸收峰。

非色散红外检测器电量关系与气体浓度关系的计算,如公式(2 - 7)。

$$C_m = (273 + T_m)(M_0 R - M R_0) \times R_S \times C_S / (273 + T_C)(M_0 R_S - M_S R_0) R \quad (2 - 7)$$

式中:C_m——检测器检出浓度,mg/m^3;

　　T_m——测定时的气体温度,℃;

　　M_0——零气输入时的测定信号;

　　R_0——零气输入时的比较信号;

　　M_S——量程气输入时的测定信号;

　　R_S——量程气输入时的比较信号;

　　　　M——样气输入时的测定信号;

　　　　R——样气输入时的比较信号;

　　　　C_s——标准器的浓度,mg/m³;

　　　　T_c——校正时的气体温度,℃。

仪器主要由红外光源、红外吸收池、红外接收器、气体管路、温度传感器等组成。它是利用比尔－朗伯吸收定律,当被测气体进入红外吸收池后会对红外光有不同程度的吸收,从而计算出气体含量。

光学参数与气体浓度的关系如公式(2－8)。

$$I = I_0 \exp(-kcl) \tag{2-8}$$

式中:I——透射光强度;

　　　　I_0——入射光强度;

　　　　k——不同波长的波长系数;

　　　　c——被测气体浓度;

　　　　l——检测器光程。

四、溶液吸收法烟气采样器的基本原理

(一)溶液吸收法原理

通过采样管将样品抽入到装有吸收液的吸收瓶或装有固体吸附剂的吸附管、真空瓶、注射器或气袋中,样品溶液或气态样品经化学分析或仪器分析得出污染物含量。

(二)烟道排气组分(包括气体组分、微量有害气体组分)

气体组分:氮气、氧气、二氧化碳和水蒸气等。

测定目的:考察燃料燃烧情况和为烟尘测定提供计算烟气密度,分子量等参数的数据。

微量有害气体组分:一氧化碳、氮氧化物、硫氧化物、硫化氢等。

由于气态和蒸汽态物质分子在烟道内分布不均匀,虽不需要多点采样,但在靠近烟道中心的任何一点都可采集到具有代表性的气样。同时,气体分子质量极小,可不考虑惯性作用,故也不需要等速采样。

(三)溶液吸收法烟气采样器原理

被采样气体经过恒温加热管、吸收瓶、干燥筒后,流过孔口流量计,将流量信号送

微处理器进行处理,得出瞬时流量并累加采样体积,并根据采集到的计前温度及计前压力,换算成标况体积,当采样流量值与设定流量不同时,自动调节采样泵的抽气动力,使采样流量恒定在设定值上。

如在现场用仪器直接测定,则用抽气泵将气体通过采样管、除湿器抽入分析仪器。因为烟气湿度大、温度高,烟尘及有害气体浓度大,并具有腐蚀性,故在采样管头部装有烟尘过滤器,采样管需要加热或保温并且耐腐蚀,防止水蒸气冷凝而导致被测组分损失。

(四)溶液吸收法 – 仪器的结构流程图

溶液吸收法仪器结构流程见图2 – 10,粗线表示气路连接,细线表示电路连接。

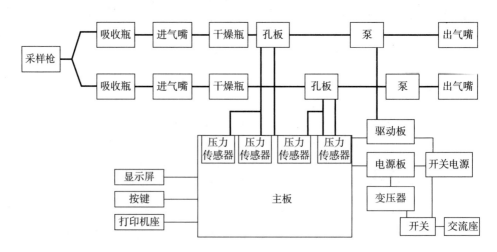

图2 – 10 溶液吸收法仪器结构流程图

五、不同原理烟气分析仪/采样器的优缺点对比

不同原理烟气分析仪/采样器的优缺点对比如表2 – 1所示。

表2 – 1 不同原理烟气分析仪/采样器的优缺点对比

序号	原理	优 点	缺 点
1	电化学法	1)测量组分多,可现场连续显示测量值,效率高; 2)体积小、重量较轻、携带方便; 3)价格较便宜; 4)开机稳定时间短,维护方便	1)传感器使用寿命短,探头易堵塞,需要定期更换; 2)存在其他组分的交叉干扰; 3)残余气体累积叠加

续表

序号	原理	优 点	缺 点
2	紫外差分吸收光谱法	1）检出下限低,不受水分和粉尘影响,抗干扰能力强; 2）NO、NO$_2$同时测量,NO$_x$无需转化结果更准确; 3）精确度更好,运行更稳定,使用寿命长,无需预热	1）测量组分少,不能测CO、CO$_2$等气体; 2）对温度较为敏感; 3）重量略重
3	非分散红外法	1）在充分滤除烟气水分的前提下,跟电化学法相比,基本不存在其他烟气组分的交叉干扰; 2）检测精度较高; 3）没有运动部件,使用寿命长	1）受水分影响较大,对仪器本身的采样前处理(除水)要求高; 2）需要一定的预热时间
4	溶液吸收法	1）准确可靠,价格便宜; 2）不存在其他烟气组分的交叉干扰; 3）配置不同试剂测试多种气体	1）操作要求高,较复杂,极易产生人为误差,分析时间长,不能现场出数,效率低; 2）受现场环境的影响大; 3）玻璃器件易碎,化学试剂不易操作

第四节 国内外现状和发展趋势

烟气分析仪按使用方式进行分类可分为在线式和便携式两种。所谓在线式监测就是指在不影响生产的条件下,对烟气的含量进行连续、实时的检测,这种检测通常是仪器按照编好的程序进行。相反,便携式烟气分析仪通常用于离线监测,也就是不定时的非连续的测量,需要人工操作,因此正如其名,便携式分析仪通常体积较小,重量较轻且易于携带。按检测原理来划分通常有:电化学检测法、光学吸收法和化学发光法等。在诸多的分析方法中,有些虽然能精确地测量出每种气体的含量,但是由于成本太高、体积太大等原因,未得到广泛应用。

目前主流的烟气检测设备所用的原理集中在电化学分析法和光谱吸收法,国内对固定污染源废气污染物分析主要依赖于气体化学传感器。电化学分析法的优点是:简单,一个传感器对应一种气体,只要测出感应电流或电压的大小就可以推算出气体浓度。但正因其简单性,难以应对较复杂的情况:首先,电化学传感器都使用电解质,不论是固体还是液体的电解质都会存在损耗问题,电解质的蒸发或污染导致传感器信号质量下降。通常空气中都含有被测物质,因此传感器一旦启封就被视为参与了检测,其使用寿命已经开始衰减。一般,其使用寿命只有一两年,若使用不当则更短,通入过高浓度的待测气体可烧毁之后的运放电路。然而更换传感器的费用非常昂贵,更换之后也必须在实验室重新标定。另外电解质损耗引起的信号衰减会积累越来越大的误差,不但每次开机都要调零而且准确度也会下降。而且电化学传感器还存在一个致命问题,即混合气体的交叉干扰问题,比如 SO_2 和 NO_2 的氧化过程正好相反,互相抵消,导致两种气体同时存在时,测量结果可能都为零或者都接近零。

但是由于电化学法仪器小巧,测量组分多,推广时间长等原因,目前该方法的仪器市场存量较大,我国应用较广泛的测定仪生产厂家有德国德图、英国凯恩、青岛崂山应用技术研究所、武汉天虹、广东臻康等公司。随着排放标准的提高,该种方法的仪器缺点逐渐暴露出来,比如检测精度低,易受交叉干扰等,基于此出现了多种光学烟气分析仪,比如紫外差分法烟气分析仪和非分散红外法烟气分析仪,基于检出下限低、抗干扰等优势,正逐渐被用户所认可,是未来排放检测中的主要仪器,这类烟气分析仪是测量废气含量的主要仪器,国外方面的研究比较成熟,例如德国的 MRU 烟气分析仪,英国 Kane 烟气分析仪,芬兰 Gasmet 便携式 FT – IR 红外气体分析,法国 KIMO 烟气分析仪等,其中以德国的比较突出,应用范围较广;至于国内的自主研发,虽然起步较晚,但也呈逐渐上升趋势,特别是青岛崂山应用技术研究所的研发技术已渐入佳境,在准确性和稳定性上都具有优势,基于光谱分析的研究也正快速积累和成熟。

第五节　烟气采样装置

1. 采样管

根据被测污染物的特征,可以采用以下几种型式采样管(见图 2 – 11)。

a)a 型采样管。适用于不含水雾的气态污染物的采样。

b)b 型采样管。在气体入口处装有斜切口的套管,同时装滤料的过滤管也进行加热,套管的作用是防止排气中水滴进入采样管内,过滤管加热是防止近饱和状态的排气将滤料浸湿,影响采样的准确性。

c)c 型采样管。适用于既有颗粒物又有气态污染物的低湿烟气的采样,滤筒采集颗粒物,串联在系统中的吸收瓶则采集气态污染物。

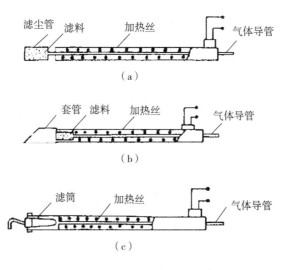

图 2 –11　几种加热式采样管

(1)材质应满足以下条件

a)不吸收亦不与待测污染物起化学反应。

b)不被排气中腐蚀成分腐蚀。

c)能在排气温度和流速下保持足够的机械强度。

(2)滤料

为了防止烟尘进入试样干扰测定,在采样管入口或出口处装入阻挡尘粒的滤料,滤料应选择不吸收亦不与待测污染物起化学反应的材料,并能耐受高温排气。不同污染物适用滤料见表 2 -3。

(3)尺寸

考虑到采气流量、机械强度和便于清洗,采样管内径应大于 6 mm,长度应能插到所需的采样点处,一般不宜小于 800 mm。

(4)保温和加热

为了防止采集的气体中的水分在采样管内冷凝,避免待测污染物溶于水中产生误差,需将采样管加热,几种污染物的加热温度见表 2 -2。加热可用电加热或蒸汽加热,使用电加热时,为安全起见,宜采用低压电源,并有良好的绝缘性能。保温材料可用石棉或矿渣棉。表 2 -3 中列出了不同污染物适用的采样管材质。

2. 连接管

应选择不吸收亦不和待测污染物起化学反应并便于连接与密封的材料。不同污染物适用的材质见表 2 -3。

为了避免采样气体中水分在连接管中冷凝,从采样管到吸收瓶或从采样管到除湿器之间要进行保温,连接管线较长时要进行加热,连接管内径应大于 6 mm,管长应尽可能短。

表 2-2　16 种气态污染物所需加热的最低温度

气体种类	加热温度/℃	备　注
二氧化硫	>120	
氮氧化物	>140	
硫化氢	>120	
氟化物	>120	
氯化氢	>120	
溴	>120	
酚	>120	考虑到温度对气体成分转化的影响,以及防止连接管的损坏,加热温度应不超过 160 ℃
氨	>120	
光气	>120	
丙烯醛	>120	
氰化氢	>120	
硫醇	20~30	
氯	常温	
一氧化碳	常温	
二氧化碳	常温	
苯	常温	

表 2-3　16 种气态污染物使用的采样管、连接管和滤料的材质

气体名称	采样管和连接管	滤　料
二氧化硫	1,2,3,4,5,6,7,8	9,10
氮氧化物	1,2,3,4,5,8	9
氟化物	1,5	10
氯	2,3,4,5,6	9,10
氯化氢	2,3,4,5,6,8	9,10
硫化氢	1,2,3,4,5,6,7,8	9,10
溴	2,3,5,8	9
酚	1,2,3,5,8	9
苯	2,3,5,8	9
二硫化碳	2,3,5,8	9
硫醇	1,2,3,5	9
氨	1,2,3,4,5,6	9,10
一氧化碳	1,2,3,4,5,8	9,10
丙烯醛	1,2,5,8	9
光气	1,2,3,5	9
氰化氢	1,2,3,4,5,6	9,10

注:1—不锈钢;2—硬质玻璃;3—石英;4—陶瓷;5—氟树脂或氟橡胶;6—氯乙烯树脂;7—聚氯橡胶;8—硅橡胶;9—无碱玻璃棉或硅酸铝纤维;10—金刚砂。

3. 除湿和气液分离

在使用仪器直接监测污染物时,为防止采样气体中水分在连接管线和仪器中冷凝干扰测定,需要在采样管气体出口处进行除湿和气液分离。

样气除湿:

a)对含有少量水分不影响测试结果,只是为了避免连接管线和仪器内部管路和部件不产生冷凝水时,可根据条件利用自然空气冷却,强制空气冷却或水冷却装置。见图2－12。

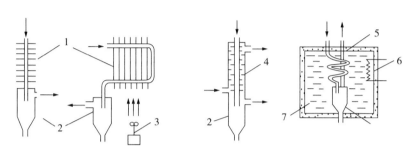

1—冷却片;2—气液分离器;3—冷却用风机;4—冷却水;

5—隔热材料;6—冷冻剂;7—不冻液

图 2－12　常见的几种除湿器

b)对水分干扰测定的监测仪器,应采用冷冻液或其他型式冷却装置进行除湿,冷冻温度应使气样中水分不结冰。

c)也可使用干燥剂或其他方式除湿。

d)除湿装置的设计、选定,应使除湿装置除湿后气体中污染物的损失不大于5%。

e)除湿时,如能使通过除湿器气样中的水气含量保持恒定,其对测量值的影响经测定得出后,可作为常数进行修正,以减少水气对测定值干扰所产生的误差。

4. 吸收瓶

根据待测污染物不同可选用图2－13所列几种吸收瓶。

a)多孔筛板吸收瓶。鼓泡要均匀,在流量为 0.5 L/min 时,其阻力应在(5 ± 0.7) kPa。

b)冲击瓶。应按图2－13尺寸加工。

c)采用标准磨口,应严密不漏气。

d)连接嘴应作成球形或锥形。

5. 吸附管

a)吸附剂,可根据被测污染物性质选用硅胶、活性炭或高分子多孔微球等颗粒状吸附剂。

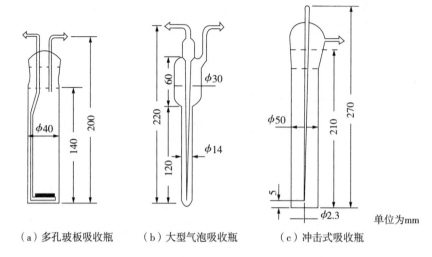

（a）多孔玻板吸收瓶　　（b）大型气泡吸收瓶　　（c）冲击式吸收瓶

图 2 – 13　常见的几种吸收瓶

b）吸附管内吸附剂填充要紧密，不得松动或有隙流，采样前后，吸附管两端要密封。

c）吸附剂填充柱长度，应根据被测污染物浓度，采样时间确定。

6. 流量计量装置

用于控制和计量采样流量，主要部件应包括：

a）干燥器。为了保护流量计和抽气泵，并使气体干燥。干燥器容积应不少于 200 mL，干燥剂可用变色硅胶或其他相应的干燥剂。

b）温度计。测量通过转子流量计或累积流量计的气体温度，可用水银温度计或其他型式温度计，其精确度应不低于 ±2.5%，温度范围（−10 ~ 60）℃，最小分度值应不大于 2 ℃。

c）真空压力表。测量通过转子流量计或累积流量计气体压力，其精确度应不低于 4%。

d）转子流量计。控制和计量采气流量，当用多孔筛板吸收瓶时，流量范围为（0 ~ 1.5）L/min；当用其他型式吸收瓶时，流量计流量范围要与吸收瓶最佳采样流量相匹配，精确度应不低于 2.5%。

e）累积流量计。用以计量总的采气体积，精确度应不低于 2.5%。

f）流量调节装置。用针形阀或其他相应阀门调节采样流量，流量波动应保持在 ±10% 以内。

7. 抽气泵

采样动力，可用隔膜泵或旋片式抽气泵，抽气能力应能克服烟道及采样系统阻力。当流量计量装置放在抽气泵出口端时，抽气泵应不漏气。

8. 采样用真空瓶

用硬质玻璃或不与待测物质起化学反应的金属材料制作,容积为 2 L,结构见图 2 – 14。

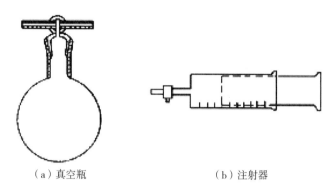

（a）真空瓶　　　　　　　　　　　（b）注射器

图 2 – 14　真空瓶和注射器

9. 采样用注射器

用硬质玻璃制作,容积为 100 mL 或 200 mL,最小分度值 1 mL,结构见图 2 – 14。

10. 采样装置的其他部件

a)滤膜。为了保护仪器和抽气泵不被污染,可在分析仪入口装置滤纸、微孔滤膜或玻璃纤维滤膜,以去除气样中尘粒,所用滤料应不吸收亦不与待测污染物起化学反应。

b)干燥剂和去除干扰物质。为防止水分或其他干扰成分对测定结果影响,所用干燥剂或去除干扰物质应不影响待测物质的测量精度。

c)当抽气泵装在仪器入口一侧时,要使用无油、不漏气的隔膜泵,制作泵的材料应不吸收亦不与待测物质起化学反应。

d)校正用气体。采用已知浓度的标准气体,高浓度应在量程80% ~95% ,中浓度50% ~60% ,零气应小于0.25% 。

e)测量仪器性能。仪器的灵敏度、精确度等技术指标,应符合国家标准或经有关部门认可。

第六节　采样位置与采样点的确定

采样位置和采样点的设置符合 HJ/T 76、HJ/T 373、HJ/T 397 和 GB/T 16157 的规定[9-11,2]。分析仪的采样管前端置于尽量靠近废气筒中心位置。

一、采样位置

a)采样位置应避开对采样人员操作有危险的场所。

b)采样位置应优先选择在垂直管段,应避开烟道弯头和断面急剧变化的部位。采样位置应设置在距弯头、阀门、变径管下游方向不小于 6 倍直径和距上述部件上游方向不小于 3 倍直径处。对矩形烟道,其当量直径 $D = 2AB/(A + B)$,式中 A、B 为边长。(对于不符合要求且无法另行开孔时,测点加密)

c)对于气态污染物(烟气),由于混合比较均匀,其采样位置可不受上述规定限制,但应避开涡流区,如果同时测定排气流量,采样位置仍按第二条选取。

d)采样现场空间位置有限,很难满足上述要求时,可选择比较适宜的管段采样,但采样断面与弯头等的距离至少是烟道直径的 1.5 倍,并应适当增加测点的数量和采样频次。

e)必要时应设置采样平台,采样平台应有足够的工作面积使工作人员安全、方便地操作。平台面积应不小于 $1.5\ m^2$,并设有 $1.1\ m$ 高的护栏和不低于 10 cm 的脚部挡板,采样平台的承重应不小于 200 kg/m^2,采样孔距平台面约为 $(1.2 \sim 1.3)\ m$。

二、采样孔

a)在选定的采样位置上开设采样孔,颗粒物(烟尘)采样孔的内径应不小于 80 mm,采样孔管长应不大于 50 mm。不使用时应用盖板、管堵或管帽封闭(图 1-13)。当采样孔仅用于采集气态污染物(烟气)时,其内径应不小于 40 mm。

b)对正压下输送高温或有毒气体的烟道,应采用带有闸板阀的密封采样孔[图 1-13 中(d)图]。

c)对圆形烟道,采样孔应设在包括各测点在内的互相垂直的直径线上(图 1-14)。对矩形或方形烟道,采样孔应设在包括各测点在内的延长线上(图 1-15、图 1-16)。

三、采样点

由于气态污染物在采样断面内一般是混合均匀的,可取靠近烟道中心的一点作为采样点。

第七节 现场监测仪器的特性分析

目前普及应用的现场监测仪器有：

a）定点位电解法烟气分析仪：崂应3012系列烟气部分；崂应3022；testo350；testo360；KM9106；TH990。

b）非分散红外法烟气分析仪：MODEL3080；PG250；崂应3026。

c）紫外吸收法烟气分析仪：崂应3023。

d）溶液吸收法烟气采样器：崂应3071、3072。

一、类型介绍

（一）烟气采样器/烟气分析仪类型介绍

青岛崂山应用技术研究所生产的烟气采样器/烟气分析仪有五种：崂应3071型智能烟气采样器、崂应3072型智能双路烟气采样器、崂应3012H型自动烟尘（气）测试仪烟气部分、崂应3022型烟气综合分析仪、崂应3026型红外烟气综合分析仪、崂应3023型紫外差分烟气综合分析仪，见图2-15~图2-20。仪器的具体使用方法见产品使用说明书。

图2-15 崂应3071型智能烟气采样器　　图2-16 崂应3072型智能双路烟气采样器

图 2-17　崂应 3012H 型自动烟尘(气)
测试仪烟气部分

图 2-18　崂应 3022 型烟气综合分析仪

图 2-19　崂应 3026 型红外烟气
综合分析仪

图 2-20　崂应 3023 型紫外差分烟气
综合分析仪

(二) 烟气预处理器类型介绍

青岛崂山应用技术研究所生产的加热式采样管有:崂应 1080C 型、崂应 1080D 型烟气预处理器,崂应 1030 型烟气预处理系统,见图 2-21 ~ 图 2-23。预处理器的具体使用方法见产品使用说明书。

图 2-21　崂应 1080C 型烟气预处理器

图 2-22　崂应 1080D 型烟气预处理器

图 2 - 23 崂应 1030 型烟气预处理系统

二、技术指标

青岛崂山应用技术研究所生产仪器的技术指标见表 2 - 4[12]。

表 2 - 4 技术指标

项目		HJ/T 47—1999、HJ/T 48—1999 对烟气分析仪的技术要求	仪器能够满足的要求			
			3071/3072 型仪器	3012H 系列烟气部分/3022 型仪器	3026 型仪器	3023 型仪器
外观		1)仪器各零部件应连接可靠,表面无明显缺陷,各操作键使用灵活,定位正确。2)各显示部分刻度数字应清晰,涂色牢固,不应有影响读数的缺陷。显示屏的显示应清晰,不得有缺划、擦痕现象				
计时误差		≤0.1%				
气密性		系统负压 13 kPa 时,1 min 内负压下降不超过 0.15 kPa;正压 2 kPa,1 min 内压力不变				
仪器噪声		仪器正常工作时,平均声压级应低于 70 dB(A)	≤65 dB(A)			
流量计前温度		/	流量计前温度示值误差应不超过 ±2.5℃			
加热保温装置(烟气预处理器)		(130 ± 10)℃	/	(130 ± 10)℃		
流量指标	流量波动	不超过 ±5%	不超过 ±5%	/		
	流量计精度	不超过 ±2.5%	不超过 ±2.5%	/		
	重复性	不超过 ±2%	不超过 ±2%	/		

续表

项目		HJ/T 47—1999、HJ/T 48—1999 对烟气分析仪的技术要求	仪器能够满足的要求			
			3071/3072型仪器	3012H 系列烟气部分/3022 型仪器	3026型仪器	3023型仪器
烟气浓度	示值误差	/	/	优于 ±5.0%		
	重复性	/	/	≤2.0%		
	稳定性	/	/	1h 内示值变化≤5.0%		
抽气能力	真空度	系统负压为20 kPa 时，真空度≥70 kPa	系统负压为 20 kPa 时，真空度≥70 kPa			
	负载流量	系统负压为20 kPa 时，流量≥1.0 L/min	系统负压为 20 kPa 时，流量≥1.0 L/min			
流量计前压力		流量计前压力示值误差应不超过 ±2.5%	流量计前压力示值误差应不超过 ±2.5%	/	仪器的流量计前压力示值误差应不超过 ±1% FS	
静压示值误差		静压示值误差不超过 ±4%	/	静压示值误差不超过 ±4%	仪器的静压示值误差不超过 ±1% FS	
动压示值误差		动压示值误差应不超过 ±2%	/	动压示值误差应不超过 ±2%	仪器的动压示值误差应不超过 ±1% FS	
等速吸引误差		仪器的等速吸引误差应不超过 ±8%	/	仪器的等速吸引误差应不超过 ±5%		
组合采样管		外观、结构合格，部件相对位置符合要求				
烟道温度		烟道温度示值偏差应不超过 ±3℃				
干、湿球温度		干、湿球温度示值误差不超过 ±1.5%				
压力零点漂移		在 1 h 内监测仪零点漂移应不大于 4 Pa	/	在 1 h 内监测仪零点漂移应不大于 4 Pa		

三、青岛崂山应用技术研究所生产的仪器特点及优势

（一）崂应 3072 型智能双路烟气采样器

a) 超低音无刷采样泵、负载能力强，寿命长，能保证长时间的可靠运行；

b）体积小、重量轻、操作界面简单、便于携带；

c）高精度电子流量计控制，实时监测计温、计压，自动调节流量；

d）温度补偿，提高传感器测量准确性；

e）两级高效滤尘设计，采样管前端选用优质钛滤尘管、主机用聚四氟乙烯滤芯滤尘；

f）吸收瓶直接挂置加热采样枪上，缩短管路连接长度，降低吸附损耗；

g）大容量、高效防倒吸干燥器、变径气路连接管设计，高效除水，避免试液倒吸。

（二）崂应 3022 型烟气综合分析仪

a）自动控制采样泵恒流采样，保证了不同压力管道采样流量的一致性，提高了测量精度；

b）采用高效烟气预处理器，进行除尘、保温、脱水处理，有效地提高了测量精度，延长了传感器的寿命；

c）配置七组分气体接口，现场更换传感器免标定；烟气测量采用进口电化学传感器，配以优良的电子线路，可测量含氧量及 SO_2，NO，NO_2，H_2S，CO，CO_2 等多种有害气体排放浓度、折算浓度，具有测量精度高、使用寿命长等特点；

d）加强了整机防静电设计，抗静电能力更强；

e）气体传感器自动修正补偿技术，NO、NO_2 折算成氮氧化物输出。

（三）崂应 3023 型紫外差分烟气综合分析仪

a）测量精度高、可靠性强、响应时间快、使用寿命长等优点，特别适合烟气超低排放低浓度的测量；

b）采用紫外差分光谱吸收技术（DOAS），对光谱信号进行分析，有效去除粉尘和水汽的干扰，其算法的测量精度完全不受 CO、CO_2、水分和粉尘等影响，具有检出下限低、温度漂移小等优点，检出下限低，不受水分和粉尘影响，抗干扰能力强；

c）SO_2、NO 和 NO_2 可同时测量，并可支持双量程自动切换，无需转换器 NO_x 测量更准确；

d）采用进口氙灯，无需预热，使用次数可到 10^9 次，理论使用寿命可达 10 年；

e）采用金属耐腐蚀长光程吸收池，使用寿命长，易擦拭清洗；

f）光谱仪温度漂移小，稳定性高；

g）利用皮托管测量烟道内部工况，包括：动压、静压、全压、烟温、流速、流量等，支持标况转换；

h）在气体室透镜受到样气污染导致能量衰减时，支持光谱能量自动调节。

（四）崂应 3026 型红外烟气综合分析仪

a）高精度非分散红外吸收法测量原理,可同时分析多种烟气成分;

b）独特设计高效滤尘、加热、除水一体预处理器,降低 SO_2 损失,保证准确性;

c）静态化分析模块配合长光程气室,为准确分析提供保障,温度、压力和水汽补偿算法,工况适应力强;

d）探测器差分算法,有效避免光源非一致性的干扰;

e）交、直流双供电模式,且带有机内加热功能,保证严寒地区正常工作;

f）高效尘过滤装置,便于清洗,有效保护分析仪;

g）工业级密封箱体,防水、防尘、耐碰撞;

h）分析模块不含任何运动器件,可靠性好。

（五）崂应 1080C/D 型烟气预处理器

a）烟气预处理采用精密防腐防吸附聚四氟乙烯滤芯和钛合金滤筒,双重过滤分析,保证烟道中的粉尘不会进入仪器的精密光学测量部分,进而保证仪器长期使用的可靠性;

b）预处理器采用双级高效冷凝脱水,进而保证烟气预处理的除水效率;

c）预处理器内部管路采用耐腐蚀耐高温防吸附的合金材料,保证了烟气预处理器使用范围的广泛性;

d）预处理器带自动排水系统,脱出的水蒸气可定时自动排出,保证了烟气预处理器可以长期无人值守情况下使用;

e）烟气预处理器整机预热时间短[（5～10）min],体积小重量轻,轻巧便携。

（六）崂应 1030 型烟气预处理系统

a）采用 2.9in 液晶屏实时显示主机状态;

b）采用大功率半导体双级制冷,且制冷温度灵活可调;

c）具备冷腔自动冲洗功能,阻止管壁冷凝水对烟气的吸附;

d）取样器及伴热管一体化设计,加热温度可调;

e）采用 0.1μm 过滤器,有效保护后端分析仪;

f）可内置氮氧化物转换器,转换效率高达 95% 以上;

g）整机重量轻,便携性强。

第八节 烟气采样

烟气采样的过程分为采样前准备、采样及计算,并对使用吸收瓶或吸附管采样系统时、使用分析仪器采样系统时作分别介绍[2]。其中,使用吸收瓶或吸附管采样系统时主要应用崂应 3071/3072 型烟气采样器,使用分析仪器采样系统时主要应用崂应 3012H/3022/3023/3026 型烟气综合分析仪。

一、采样前准备

(一)使用吸收瓶或吸附管采样系统时

1. 采样管的准备与安装

a)清洗采样管,使用前清洗采样管内部,干燥后再用。

b)更换滤料,当充填无碱玻璃棉或其他滤料时,充填长度为(20~40)mm。

c)采样管插入烟道近中心位置,进口与排气流动方向成直角,如用 b 型采样管,其斜切口应背向气流。

d)采样管固定在采样孔上,应不漏气。

e)在不采样时,采样孔要用管堵或法兰封闭。

2. 吸收瓶或吸附管与采样管、流量计量箱的连接

a)吸收瓶、吸收液与吸收瓶贮存,按实验室化学分析操作要求进行准备,并用记号笔记上顺序号。

b)按图 2-1 所示用连接管将采样管、吸收瓶或吸附管、流量计量箱和抽气泵连接,连接管应尽可能短。

c)采样管与吸收瓶和流量计量箱连接,应使用球形接头或锥形接头连接。

d)准备一定量的吸收瓶,各装入规定量的吸收液,其中两个作为旁路吸收瓶使用。

e)为防止吸收瓶磨口处漏气,可以用硅密封脂涂抹。

f)吸收瓶和旁路吸收瓶在入口处,用玻璃三通阀连接。

g)吸收瓶或吸附管应尽量靠近采样管出口处,当吸收液温度较高而对吸收效率有影响时,应将吸收瓶放入冷水槽内冷却。

h)采样管出口至吸收瓶或吸附管之间连接管要用保温材料保温,当管线长时,须采取加热保温措施。

i)当用活性炭、高分子多孔微球作吸附剂时,如烟气中水分含量体积百分数3%,为了减少烟气中水分对吸附剂吸附性能的影响,应在吸附管前串一硅胶干燥管。硅胶吸附的被测污染物含量,应计入到样品中去。

3. 漏气试验

a)将各部件按图2-1连接。

b)关上采样管出口三通阀,打开抽气泵抽气,使真空压力表负压上升到13 kPa,并闭抽气泵一侧阀门,如压力计压力在1 min内下降不超过0.15 kPa则视为系统不漏气。

c)如发现漏气,要重新检查、安装,再次检漏,确认系统不漏气后方可采样。

(二)使用分析仪器采样系统时

a)采样管的准备和安装同上。

b)校正气体阀,在采样管出口与除湿器前装置三通阀,与校正气体连接。

c)除湿器准备和安装:

①根据所用仪器除湿要求将选用的除湿器连接到采样系统中,除湿器尽量靠近采样管出口。

②冷却管必须垂直安装,当用冷却盘管时,盘管要有一定坡度,使冷凝水能迅速排出。

③为使冷凝水能迅速完全地从气样中分离出来,应在气液分离管下方安装带有水封的回水器,当用泵连续排除冷凝水时,也可以不使用水封回水器。

④气液分离管应装在低于所有连接管的位置和温度最低的部位。

d)连接管准备与安装:

①连接管尺寸。一般应不小于6 mm,管线要尽可能短,当必须使用长管线时,应选用无接头长管,并注意防止样气中水分冷凝,必要时应对管线加热。

②连接管与其他部件连接,应采用法兰或球形接头连接。

e)干燥剂和去除干扰物质:

①为防止干燥剂和去除干扰物质的微粒进入监测仪器,应在干燥剂和去除干扰物质容器的出口放置滤膜或相当的滤料。

②使用干燥剂和去除干扰物质时,要掌握其有效时间,以便及时更换。

f)分析仪器准备与安装:

①尽可能安装在采样地点,以减少管线长度对测试结果造成的滞后影响。

②当仪器放置在气温低于0 ℃的环境时"应有加热措施"防止出现冷凝水或结冰。

g)系统漏气检查:

①采样系统连接后应进行漏气检查,方法同上。

②对不适于较高减压或增压的监测仪器,使用下列方法进行检查:堵住进气口,打开抽气泵抽气,2 min内流量示值降至0时,可视为不漏气。

二、采样

(一) 使用吸收瓶或吸附管采样

a)预热采样管。打开采样管加热电源,将采样管加热到所需温度。

b)置换吸收瓶前采样管路内的空气,正式采样前令排气通过旁路吸收瓶,采样5 min,将吸收瓶前管路内的空气置换干净。

c)采样。接通采样管路,调节采样流量至所需流量,采样期间应保持流量恒定,波动应不大于 ±10% 。

d)采样时间。视待测污染物浓度而定,但每个样品采样时间一般不少于 10 min。

e)采样结束。切断采样管至吸收瓶之间气路,防止烟道负压将吸收液与空气抽入采样管。

f)样品贮存。采集的样品应放在不与被测物产生化学反应的玻璃或其他容器内,容器要密封并注明样品号。

g)采样时应详细记录采样时工况条件、环境条件和样品采集数据。

h)采样后应再次进行漏气检查,如发现漏气,应重新取样。

i)样品分析在样品贮存过程中,如污染物浓度随时间衰减时,应在现场随时进行分析。

化学法正式采样前应使烟气通过旁路吸收瓶(5 ~ 10) min 置换出采样系统的空气和使滤料饱和。吸收瓶应符合技术规定要求〔发泡性能及阻力在(6.7 ± 0.7) kPa 左右〕。化学法采样完毕后,取下吸收瓶时,应特别注意取下连接管的顺序,防止倒吸。同时用止水夹夹紧采样管后皮管,防止空气进入采样管,继续采集第二个样品,采样管最好采用全加热采样管,这样可以防止滤料吸附 SO_2,特别是湿度高的烟气。

(二) 使用分析仪器采样

a)按仪器要求的流量,调节采样流量。

b)采样开始,由于需要置换管路中空气和用样气洗涤与饱和滤料,应过(30 ~ 60) min 后再读数,测试仪如无数据自动记录和打印装置,应根据测定时间长短,定时记录测试结果。

c)采样时,记下环境温度、大气压力和工况运行条件。

三、计算

(一)颗粒物或气态污染物排放浓度计算

a)颗粒物或气态污染物实测排放浓度计算,见公式(2-9)。

$$C = \frac{m}{V_{nd}} \times 10^6 \qquad (2-9)$$

式中:C——颗粒物或气态污染物实测排放浓度,mg/m³;

V_{nd}——标准状态下干采样体积,L;

m——采样所得的颗粒物或气态污染物质量,g。

b)颗粒物或气态污染物折算排放浓度计算,见公式(2-10)。

$$C' = C \cdot \frac{\alpha'}{\alpha} \qquad (2-10)$$

式中:C'——折算成过量空气系数为 α 时的颗粒物或气态污染物排放浓度,mg/m³;

C——颗粒物或气态污染物实测浓度,mg/m³;

α'——在测点实测的过量空气系数;

α——有关排放标准中规定的过量空气系数。

c)过量空气系数计算,见公式(2-11)。

$$\alpha' = \frac{21}{21 - X(O_2)} \qquad (2-11)$$

式中:α'——测点实测的过量空气系数;

$X(O_2)$——烟气中 O_2 的体积百分数。

(二)颗粒物或气态污染物排放率计算

颗粒物或气态污染物排放率计算,见公式(2-12)。

$$G = C \times Q_{snd} \times 10^{-6} \qquad (2-12)$$

式中:G——颗粒物或气态污染物排放率,kg/h;

Q_{snd}——标准状态下干排气流量,m³/h;

C——颗粒物或气态污染物实测浓度,mg/m³。

四、采样实例

下面以崂应 3023 型紫外差分烟气综合分析仪为例详细讲述采样使用方法。

（一）测量前准备

1. 预热

分析仪主机和预处理器(加热式采样管)使用前必须通电预热,预处理器根据环境温度不同预热时间在(5~10)min 左右,分析仪主机预热时间根据机内温度而定,启动界面显示机内温度大于 15 ℃即可使用。若进行调零或标定操作,除考虑主机机内温度之外,预热时间建议大于 15 min。测定前应检查采样管加热系统是否正常工作、仪器必须充分地预热。及时排空除湿冷却装置的冷凝水,防止影响测定结果。

2. 管路连接

进行工况参数测量时,请按图 2－24 所示进行连接;进行烟气测量时,请按图 2－25 所示进行连接。测定前检查除湿冷却装置和输气管路,并清洁颗粒物过滤装置,必要时更换滤料。

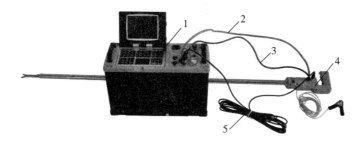

1—分析仪主机;2—Φ4×8 橡胶管(橙色,连接分析仪 ΔP" ＋"接嘴和皮托管" ＋"接嘴);

3—Φ4×8 橡胶管(蓝色,连接分析仪 ΔP" －"接嘴和皮托管" －"接嘴);

4—1082A 型皮托管;5—烟温信号线

图 2－24　工况测量连接示意图

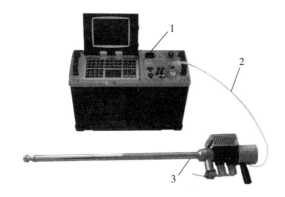

1—分析仪主机;2—φ3×5 聚四氟乙烯管;3—1080D 型烟气预处理器

图 2－25　烟气测量连接示意图

3. 调零

调零分为两部分,一部分是工况测量中的"系统调零",是对压力传感器进行调零,调零时 ΔP" + "" — "接嘴要置于环境空气中。另外一部分是烟气测量中的"烟气校准",是对烟气测量组分进行调零,每次测量前必须进行调零,调零时无需连接预处理器,使用环境空气即可,调零过程需要 40 s,调零结束后才能进行下一步操作。

(二)工况参数测量

工况参数测量按图 2 - 24 所示进行连接,测量前需根据现场情况对工况进行布点,选择合适烟道并输入相关参数,根据仪器计算结果,调整皮托管与采样口距离,有关采样点的设置符合 GB/T 16157 的相关规定。

(三)烟气测量

烟气测量按图 2 - 25 所示进行连接,并预热及调零结束后,将烟气预处理器放入烟道中,堵好测量孔,使之不漏气。进入"烟气测量"菜单自动开始烟气预测状态,分析仪此时观察显示的气体浓度值,待数值基本稳定后按键盘上的"S"键计平均,分析仪进入测量状态,开始每秒记录一次烟气数据并累加。如果需要打印当前测量时间段内的平均值,可在测量界面直接点击打印按钮,打印结束后重新开始记录烟气数据并累加。

测量过程中按↑、↓键选择不同气体,右侧的曲线图将显示选中的气体浓度数据变化曲线。

测量数据稳定后,点击界面上的"结束"按钮或者按"Enter"键结束测量,测量结束后提示采样数据是否保存。选择后分析仪自动进入清洗状态,将烟气预处理器从烟道中取出,等到有害气体浓度接近 0 mg/m³,氧气含量接近 21% 后,按键盘上的"Esc"键结束清洗,返回上级界面。

(四)数据存储或打印

数据打印可在测量界面、查询界面进行打印,在查询界面还可进行打印参数设置,打印需连接自带打印机。采样数据中默认折算系数、负荷系数、含氧量为参数设置中的数值,若需要重新输入折算系数、负荷系数和含氧量对数据进行计算,仍在查询界面中的"数据计算"进行计算,分析仪自动重新计算空气过剩系数、折算浓度、排放浓度等,并显示计算后的数据。

数据可通过 USB 接口进行存储,在维护 - 磁盘管理中可进行数据输出、输入、删除和浏览等操作。

测定完毕在关机之前,按照仪器说明书的要求通入清洁的环境空气或氮气冲洗仪器。测定结果应处于仪器校准量程的 20% ~ 100% 之间;超过校准量程,判定本次样品测定结果无效。

第九节 使用维护保养

a)烟气采样器及烟气分析仪须有专人管理及维护。每台仪器与设备应备有专门的使用维护记录,记录要全面,应包含仪器与设备检定、校准、使用、维护等相关信息。

b)应存放在阴凉、干燥、通风的室内;运输、使用过程中应避免强烈的震动、碰撞及灰尘、雨、雪的侵袭。

c)使用前,应确认外接电源为 220 V 交流电,并可靠接通。

d)由于某种原因需要短时间内关闭电源并再次开机时,应在关闭电源至少 5 s 后,才能再次开机。

e)烟气采样时,组合式采样管的皮托管接嘴应与烟尘采样器主机左侧 ΔP" + "" – "接嘴正确连接,避免损坏压力传感器。

f)烟气采样前,应及时更换失效的干燥剂;采样过程中应注意高效气水分离器中干燥剂(变色硅胶)颜色的变化。当 2/3 体积的干燥剂由蓝变红时,需及时更换。

g)高温烟气采样时,持组合采样管的人员应佩戴防烫手套,以防烫伤。

h)每次采样结束后,应对仪器的传感器、泵、组合式采样管、气路连接橡胶管进行清洗。清洗的方法如下:测完烟气后,根据测试仪提示用干净空气进行烟气传感器清洗。用压缩空气将组合式采样管、气路连接橡胶管吹洗干净。

i)长期闲置不用时,应每月通电一次,通电时间不小于 4 h。

第十节 采样常见问题及解决办法

一、针对崂应3012H烟尘气测试仪在污染源监测过程中遇到的问题及解决方案

(一)电化学传感器时效说明

电化学气体传感器大都是以水溶液作为电解质,电解质的蒸发或污染常会导致传

感器的信号下降,使用寿命短;由于在空气中有被测物质存在,传感器中的有效成分被消耗,因此传感器一旦被启封就视为使用,即使没用于测量,它的寿命也在缩短,电化学传感器寿命期望值为 2 年,但使用寿命与现场测试浓度、使用频率以及采样结束后是否及时清洗有关,采样时注意传感器保护。

（二）注意事项

a）仪器开机时,一定要在清洁的空气中。

b）对于装有粉尘过滤装置的仪器,要及时更换过滤芯,避免粉尘进入传感器内,污染传感器。测量完毕后,不要立即关机,仪器必须在清洁空气保持运行时间（5～10）min,待仪器气体显示值降至 10 单位以下,保持仪器内部处于新鲜空气的环境,方关机或停泵。

c）下图 2－26 连接方法不适用于主机自带抽气泵的情况,此种烟气分析仪应使用气袋法标定或在流量计后端加三通。

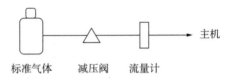

标准气体　　减压阀　　流量计

图 2－26　使用标准气体标定烟气分析仪连接方法

（三）烟气流量对电化学仪器的影响

日常监测过程中往往只注重电化学传感器时效性和准确性,而忽略烟气采样流量,影响监测数据。这是因为,电化学传感器对流速的变化极为敏感。通常电化学类烟气分析仪的测试读数与采气流速呈"正相关"。

HJ/T 57—2000《固定污染源排气中二氧化硫的测定　定电位电解法》标准特别强调:"采气流速的变化直接影响仪器的测试读数"[3]。国家环境监测总站《火力发电业建设项目竣工环境保护验收监测技术规范》中也写道:"定电位电解法监测仪器对采样流量要求甚严,监测数据的显示与采样流量的变化成正比,当仪器采样流量减小时（例如烟道负压大于仪器抗负压能力）,监测数据明显变小。在使用时为了减少测定误差,仪器的工作流量应与标定（校准）时的流量相等"。而烟道内烟气,既有正压工况的,也有负压工况的,甚至存在压力忽大忽小的变化工况。极端情况下,有些烟道还存在很大的负压,针对大多数烟道负压的情况居多,我们建议在负压高的情况将烟气分析仪的烟气进气端和出气端都连接管子,同时伸到烟道中,这一措施能避免抽不出气的问题。而现场测试过程中,流速对测量结果的影响往往难以暴露,只有当测试数据明显偏离时才会引起注意。所以对仪器操作人员提出了较高的要求,必须严格控制仪器标定和采样的流量,尽量保持一致。

（四）气体交叉干扰对电化学仪器的影响

电化学传感器通过设置不同的电极电位,使得传感器对应某一特定气体敏感,从而达到测定的目的。但对于电极电位相似的气体,会产生交叉干扰。电化学传感器的生产厂家英国 CITY 公司也明确给出了气体交叉干扰的参考数据,见表 2-5。

表 2-5　电化学传感器的交叉干扰参考数据　　　　单位:%

干扰气 传感器	SO_2	NO	NO_2	CO	H_2S
SO_2	100	0	-120	<3	0
NO	<5	100	-20	0	<35

实际的应用中,燃油炉、燃气炉、水泥厂的监测过程中会出现 SO_2、NO 测定值明显偏低或检测无的情况,主要是因为排放烟气中 NO_2 的干扰原因。化工工况典型的会排放复杂的气体,如:氨气、硫化氢、乙炔等。往往会出现 SO_2 测定值明显偏大的情况,主要是因为排放烟气中 CO 的干扰原因。二氧化硫是钢铁企业常见的污染物,烧结过程中排放的二氧化硫约占总排放量的 60% 以上。由于国内尚无专项烧结烟气脱硫技术,因此烧结烟气脱硫项目被列为我国至 2020 年钢铁行业科技发展指南中的重点研发课题。目前烧结工况 SO_2 的监测一直困扰着监测人员。烧结工况普遍会产生浓度较高的 CO,国内目前普遍选用定电位电解法,而该方法中 SO_2 会与 CO 形成交叉干扰,造成数据的偏差。虽然这些气体的交叉干扰已知,但由于干扰值的非线性和非重复性,电化学仪器也无法对干扰值进行有效补偿。所以当监测数据异常时,还必须选用其他测试方法重新测试:如溶液吸收法(崂应 3072 型)、光学法(崂应 3023、3026 型)。

（五）高湿工况

一般不采用湿法脱硫的烟道气的含湿量不超过 3%,而采用湿法脱硫后的烟气含湿量往往大于 5%,如果脱硫设备脱水不好,烟气含湿量可高达 12%。

高含湿量的烟气进入取样管路后,由于温度下降超过露点温度,取样管路将产生冷凝水,并会吸收一部分烟气中的SO_2,导致进入传感器的SO_2浓度降低,造成监测结果出现负偏差甚至无。

解决办法:使用刚玉滤筒,滤筒加热,预处理器全程伴热。

长期使用仪器后,由于烟气湿度的影响,在电化学传感器的渗透膜表面会形成结露水;结露水会影响气体分子的渗透,从而导致测量结果偏低,甚至测试不到目标污染物。

解决方法:针对上述情况监测时一定采用脱水效率高的前处理装置,保证进入到测试仪的为干燥气体,防止水汽的吸附。

二、高寒地区的现场监测及解决方法

北方冬季寒冷是困扰我们监测的一大难题,经常出现如下症状:

a) 烟尘取样管后端与主机的连接管结冰现象;

b) 显示屏在高寒环境下不显示的现象;

c) 烟尘、烟气泵不运行的现象等。

解决方法:对于烟尘取样管后端与主机的连接管结冰现象可采用全程伴热装置解决上述问题;对于显示屏在高寒状态下存在不显示的现象和烟尘、烟气泵不运行的现象可采用整机加热恒温箱保证主机正常工作。

三、脱硝等高温工况特点及解决方法

因烟温高仪器常规配置的烟气取样器或烟气预处理器配备的四氟乙烯管,其最高耐温为260℃,经常会出现在脱硝工况中四氟乙烯变软甚至冷却后堵住管路的现象。建议将烟气取样器或预处理器管壁由四氟乙烯改为钛材质。

解决办法:(500℃以上)烟温单独测定,再人工输入,特殊材料取样管使用刚玉滤筒。

四、采样其他注意事项

a) 仪器的各组成部分应连接牢固,测定前后应按照要求检查仪器的气密性,可堵紧仪器的进气口,若仪器的采样流量示值在2 min内降至零,表明气密性合格。

b) 烟气样品采样时,应选择合适的采样方法及合适的滤料,采样管应有滤尘和加热装置,加热温度不超过160 ℃;采样前应检查采样管是否污染,有污染时,应清洗干净,干燥后再用,同时应更换滤料;连接采样管和吸收瓶之间的连接管应尽量短,防止吸附;采样系统要保证严密不漏气。

c)测定时采气流速的变化直接影响仪器的测定结果,尤其在烟道负压情况下,可导致测定结果偏低或无法测出。应选择抗负压能力大于烟道负压的仪器或将负压烟道气引出到平衡装置中,然后进行测定。

第十一节　质量控制

原则:

a)烟尘采样器、烟气分析仪、大气采样器、总悬浮颗粒物采样器等是属于国家强制检定的计量器具,应依法送检,并在检定合格有效期内使用,未按规定检定或校准的仪器与设备不得使用。仪器及部分辅助设备如大气压计、温度计等必须经有关计量检定单位检定合格,且在检定有效期限内。

b)为保证测量准确,按 GB/T 16157—1996 中 12.2 规定,烟尘、气采样仪器,应至少半年自行校准一次[2]。

c)每个月至少进行一次测定前后的零点漂移、量程漂移检查。零点漂移、量程漂移均应不超过 ±3% C. S. (当校准量程不超过 200 μmol/mol 时,应不超过 ±5.0% C. S.)。否则,应及时对仪器进行校准维护。

d)每半年至少进行一次用低(<20% C. S.)、中(40% C. S. ~60% C. S.)、高(80% C. S. ~100% C. S.)浓度的标准气体对仪器线性校准,测定值与标准气体浓度值的示值误差和系统偏差应符合技术指标中的要求。

对直读式仪器(测 SO_2,NO_x,CO 等),要对其准确度进行校准,最好能现场用标气进行校准。仪器检定周期不得超过一年。对于频繁使用的仪器,原则上不超过 3 个月。长期放置的仪器在使用前也应进行校准,直读式仪器使用时采样时间不要太长,一般(10~20) min 则可,然后应用空气清洗,再测试,以防电极中毒损坏。仪器测试前、后应对标准气进行测量,相对误差大于 5% 时,应对仪器进行标定;仪器在标定时标准气体应在常态压力中;仪器对烟气测量的流量应等同于标定的流量;仪器应在环境空气中开机校零,然后进行测试工作;仪器使用过程中应一次开机,一个测量周期完毕后在空气中清洗至 10 mg/m³ 以下后,再进行下一个测量周期,途中不得关机;可通过对仪器的响应时间的测量,判别传感器使用寿命。

第十二节　采样标准及检测技术

一、烟气分析仪检定规程[13]

（一）被检仪器介绍

烟气分析仪的检定执行 JJG 968—2002《烟气分析仪》，该检定规程适用于仪器直接测试法的烟气分析仪器。被检仪器以 3012H 自动烟尘气测试仪烟气部分为例，其烟气采样流量为 1 L/min。

（二）检定用标准器及配套设备

按照 JJG 968—2002《烟气分析仪》，检定过程中使用的计量标准器及要求如表 2 - 6 所示。使用的配套设备如烟气预处理器、三通、聚四氟乙烯管、(4 ~ 8) L 集气袋等，标准气体及减压阀图片见图 2 - 27。

表 2 - 6　烟气分析仪检定用计量标准器及要求

序号	标准器	要　　求
1	O_2, SO_2, NO 和 CO 标准气体	浓度的扩展不确定度不大于 2%（$k = 3$）
2	零点校准器	洁净空气
3	电子秒表	分度值 0.01 s
4	流量控制器	流量稳定性优于 2%
5	绝缘电阻表	额定电压 500 V，准确度等级 10 级

图 2 - 27　标准气体及减压阀图片

(三) 检定项目及要求

按照烟气分析仪检定规程检定要求,需要进行检定的项目应满足相应的要求,如表2-7所示。

表2-7 检定项目及要求

序号	检定项目	要 求
1	外观及结构要求	1) 分析仪的铭牌上应标有产品名称、型号、出厂编号、制造日期、制造厂名、制造计量器具许可证标志及编号,并附有使用说明书。 2) 分析仪(包括采样管)不应有妨碍正常工作的机械损伤。各调节器转动灵活,定位准确。各固定件应无松动。通电后,数字显示完整清晰
2	最大流量	调节流量计流量能够达到使用说明书规定的流量
3	示值误差	不超过 ±5%
4	重复性	不大于2%
5	响应时间	不大于90s
6	稳定性	1h内示值变化不大于5%
7	绝缘电阻	对交流供电电源分析仪,绝缘电阻不小于 20 MΩ

(四) 检定方法

1. 外观及结构要求

用目视和手动检查。

2. 最大流量

将流量计与分析仪进气口连接,启动分析仪抽气泵,调节流量计流量,观察能否达到使用说明书规定的流量。

3. 示值误差

在检定前首先保证烟气分析仪有充分的预热时间,待烟气流量及示值稳定后校准零点,再分别通入为满量程20%、50%和80%的标准气体,每种浓度的气体通入3次,读取各稳定示值 c_1。按公式(2-13)分别计算出不同浓度测量值的示值误差 $\Delta\alpha$。

$$\Delta\alpha = \frac{\overline{c_l} - c_s}{c_s} \times 100\% \qquad (2-13)$$

式中:$\Delta\alpha$——一种浓度示值误差,%;

$\bar{c}_l$——3 次示值的算术平均值,mg/m³;

c_s——标准气体的浓度,mg/m³。

取示值误差 $\Delta\alpha$ 中的最大值为分析仪的示值误差检定结果。

若使用气袋检测,则将通入装有充足的标准气体的气袋接在烟气取样器上,打开阀门,进入烟气测量菜单,待界面下方的计时累计 3 min 时,记录烟气稳定测量值,关闭阀门,取下气袋,将烟气取样器的接嘴置于空气中,烟气泵继续运转,用清洁空气对仪器的管路及化学传感器进行清洗,待仪器测量的浓度值归零后退出。若长时间未使用气袋,需用待使用浓度的标准气体进行清洗后方可检测。

4. 重复性

分析仪校准零点后,分别通入约为满量程 80% 的标准气体,待示值稳定后,得到测量值,然后回零,上述步骤重复 6 次,重复性以相对标准偏差 s_r 表示,各参数的 s_r 均可按公式(2-14)分别计算。

$$s_r = \frac{1}{\bar{c}}\sqrt{\frac{\sum_{i=1}^{n}(c_i-\bar{c})^2}{n-1}} \tag{2-14}$$

式中:s_r——相对标准偏差,%;

$\bar{c}$——6 次测量的算术平均值,mg/m³;

c_i——第 i 次的测量值,mg/m³;

n——测量次数,$n=6$。

5. 响应时间

分析仪校准零点后,首先通入约为满量程 80% 的标准气体,读取仪器稳定初值,然后通入清洁空气,让仪器回零后,再通入上述标准气体,并同时用秒表记录仪器达到稳定初值90%的时间,重复上述步骤 3 次,取算术平均值为分析仪的响应时间。

6. 稳定性

分析仪校准零点后,通入约为量程 80% 的标准气体,分别读取稳定示值 c_1 作为仪器的初始值。让仪器连续运行 1 h,每间隔 15 min 通入一次标准气体,同时读取稳定示值 c_i。每种标准气体读取稳定示值 4 次,取与初始值偏离最大的值 c_i。按公式(2-15)计算稳定性 δ_s。

$$\delta_s = \frac{(c_i-c_1)}{c_1}\times100\% \tag{2-15}$$

式中:δ_s——稳定性,%;

c_1——仪器的初始值,mg/m³;

c_i——与初始值偏离最大的值，mg/m^3。

（五）检定结果处理

经检定符合本规程要求的分析仪，发给检定证书；不符合本规程要求的，发给检定结果通知书，并注明不合格项目。

（六）检定周期

分析仪的检定周期一般不超过1年。

二、烟气采样器检测方法介绍[14]

（一）被检仪器介绍

烟气采样器现无针对性的国家计量检定规程，可参照 HJ/T 47—1999《烟气采样器技术条件》及 JJG 956—2013《大气采样器》，适用于化学法的烟气采样仪器。被检仪器以崂应 3072 智能双路烟气采样器为例。

（二）检定用标准器及配套设备

按照 HJ/T 47—1999《烟气采样器技术条件》，检测过程中使用的计量标准器及要求如表2-8所示。使用的配套设备如烟气预处理器、三通、聚四氟乙烯管等。

表2-8　烟气采样器检测用计量标准器及要求

序号	标准器	要　求
1	皂膜流量计/湿式气体流量计	精度不低于±1%
2	压力计	最小分度不大于10 Pa
3	电子秒表	分度值0.01 s
4	热电偶或热电阻温度计	（-50~400）℃，精度不超过±2 ℃
5	绝缘电阻表	额定电压500V，准确度等级10级
6	声级计	精度不低于2级

（三）检定项目及要求

按照烟气采样器行业标准要求，需要进行检测的项目并满足相应的要求，如表2-9所示。

表 2 - 9　检定项目及要求

序号	检定项目		要　求
1	流量指标	流量波动	不超过 ±5%
		流量计精度	不超过 ±2.5%
		重复性	≤2%
2	气密性		系统负压 13 kPa 时,1 min 内负压下降≤ 0.15 kPa;正压 2 kPa,1 min 内压力不变
3	绝缘电阻		对交流供电电源分析仪,绝缘电阻不小于 20 MΩ
4	仪器噪声		≤70 dB(A)

(四) 检定方法

1. 流量波动

首先设定皂膜流量计及采样器的温度及压力为当前环境状态,调节系统负载阻力至 10 kPa,再调节采样器流量至 0.5 L/min,用皂膜流量计测出标况流量值 Q_0,连续重复测量 3 次,取平均值 Q。再调节调压器及阻力调节装置,在电压为 242 V、阻力为 9 kPa 和电压为 198 V、阻力为 11 kPa 情况下,分别用皂膜流量计测出标况流量值,连续重复测定 3 次,取平均值 $\overline{Q}_1$、$\overline{Q}_2$。按公式(2 - 16)计算流量波动 δ_f。

$$\delta_f = \frac{(Q_i - Q)}{Q} \times 100\% \qquad (2 - 16)$$

式中: δ_f——流量波动值,% ;

Q_i——分别表示 $\overline{Q}_1$、$\overline{Q}_2$,L/min;

Q——220 V、10 kPa 状态下流量值,L/min。

2. 流量示值误差

连接好采样系统,调节负载阻力至采样器生产标定流量时相同阻力,设定流量,用皂膜流量计测出标况流量值,连续重复 3 次,取平均值,按公式(2 - 17)计算流量示值误差。

$$\delta_q = \frac{(q - \overline{q}_l)}{\overline{q}_l} \times 100\% \qquad (2 - 17)$$

式中: δ_q——流量示值误差,% ;

$\overline{q}_l$——皂膜流量计测量的标准流量值的平均值,L/min;

q——采样器设定的流量值,L/min。

3. 重复性

重复性用相对标准偏差 S_r 来表示。

按皂膜流量计、吸收瓶、干燥剂、采样器顺序连接,调节采样器使其流量值为

0.5 L/min,用皂膜流量计分别连续测定 6 次标况流量值,按公式(2 - 18)计算流量重复性 S_r。

$$S_r = \frac{1}{\bar{q}} \sqrt{\frac{\sum\limits_{i=1}^{n} (q_i - \bar{q})^2}{n - 1}} \qquad (2 - 18)$$

式中:S_r——相对标准偏差,%;

$\bar{q}$——6 次测量的算术平均值,L/min;

q_i——第 i 次的测量值,L/min;

n——测量次数,$n = 6$。

参考文献

[1] 魏复盛.空气和废气监测分析方法(第四版增补版)[M].北京:中国环境科学出版社,2013:322 - 332.

[2] GB/T 16157—1996 固定污染源排气中颗粒物测定与气态污染物采样方法.

[3] HJ/T 57—2000 固定污染源排气中二氧化硫的测定 定电位电解法.

[4] HJ 693—2014 固定污染源废气氮氧化物的测定 定电位电解法.

[5] HJ/T 42—1999 固定污染源排气中氮氧化物的测定 紫外分光光度法.

[6] HJ/T 44—1999 固定污染源排气中一氧化碳的测定 非色散红外吸收法.

[7] HJ 629—2011 固定污染源废气二氧化硫的测定 非分散红外吸收法.

[8] HJ 692—2014 固定污染源废气 氮氧化物的测定 非分散红外吸收法.

[9] HJ/T 76—2007 固定污染源烟气排放连续监测技术规范.

[10] HJ/T 373—2007 固定污染源监测质量保证与质量控制技术规范(试行).

[11] HJ/T 397—2007 固定源废气监测技术规范.

[12] HJ/T 48—1999 烟尘采样器技术条件.

[13] JJG 968—2002 烟气分析仪.

[14] HJ/T 47—1999 烟气采样器技术条件.

第三章　环境空气采样器

　　环境空气采样器是采集大气污染物或受污染空气的仪器或装置。其种类很多,按采集对象可分为气体采样器和颗粒物采样器;按使用场所可分为环境采样器、室内采样器和污染源采样器。此外,还有特殊用途的环境空气采样器,如同时采集气体和颗粒物质的采样器。

　　环境空气采样器对于空气以及环境中有害气体的检测起到了很好的作用。随着科学技术的不断进步,环境空气采样器也不断推出新品,如智能型环境空气采样器、防爆环境空气采样器、双气路环境空气采样器等产品,大大丰富了环境空气采样器的分类。

　　随着国家对环境问题的越来越重视,以环境空气采样器等环保仪器为生产产品的企业也越来越多。随着新技术的引用,各种新技术新概念涉入了环境空气采样器的生产与使用环节,增强了环境空气采样器的稳定性和实用性,使得今天的环境空气采样器更加精确,功能更加齐全。

第一节　环境空气采样方法

一、直接采样法[1]

　　直接采样法是将空气样品直接采集在合适的空气收集器内,再带回实验室分析。该方法主要是用于采集气体和蒸汽状态的污染物。当空气中被测组分浓度较高,或所用的分析方法灵敏度很高时,可选用直接采取少量气体样品的采样法。用该方法测得的结果是瞬时或者短时间内的平均浓度,而且可以比较快的得到分析结果。直接采样法根据所用收集器和操作方法的不同,常用的容器有以下几种。

1. 注射器采样

　　用 100 mL 的注射器直接连接一个三通活塞(见图 3 - 1)。采样时,先用现场空气或废气抽洗注射器 3 ~ 5 次,然后抽样,密封进样口。将注射器进气口朝下,垂直放置,使注射器的内压略大于大气压。要注意样品存放时间不宜太长,一般要当天分析完。此外,所用的注射器要作磨口密封性的检查,有时需要对注射器的刻度进行校准。注射器采样法主要用于气相色谱法分析的样品采集。

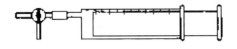

图 3 - 1　玻璃注射器

2. 塑料袋采样

常用的塑料袋有聚乙烯、聚酯树脂、聚氯乙烯和聚四氟乙烯袋等,用金属衬里(铝箔等)的袋子采样,能防止样品的渗透。为了检验对样品的吸附或渗透,建议事先对塑料袋进行样品稳定性实验。稳定性较差的,用已知浓度的待测物在与样品相同的条件下保存,计算出吸附损失后,对分析结果进行校正。

使用前要做气密性检查:充足气后,密封进气口,将其置于水中,不应冒气泡。使用时用现场气样冲洗 3~5 次后,再充进样品,夹封袋口,带回实验室分析。

3. 固定容器法采样

固定容器法也是采集少量气体样品的方法,常用的设备有两类(见图 3 - 2、图 3 - 3)。一是用耐压的玻璃瓶或不锈钢瓶,采样前抽至真空,在抽真空时,应将采气瓶放于厚布袋中,以防炸裂伤人。采样时打开瓶塞,被测空气自行充进瓶中。真空采样瓶要注意的是必须要进行严格的漏气检查和清洗(按说明书进行操作)。另一种是以置换法充进被测空气的采样管,采样管的两端有活塞。在现场用二联球打气,使通过采气管的被测气体量至少为管体积的 6~10 倍,充分置换掉原有的空气,然后封闭两端管口。采样体积即为采气管的容积。

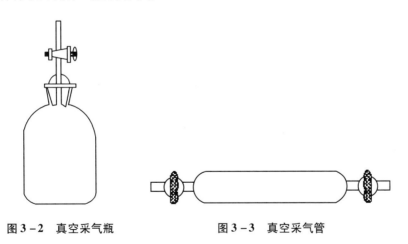

图 3 - 2　真空采气瓶　　　　　图 3 - 3　真空采气管

直接采样法的主要优点是方法简便,可在有爆炸危险的现场使用。但应注意收集容器的器壁吸附和解吸问题。

二、有动力采样法

有动力采样法是用一个抽气泵,将空气样品通过吸收瓶(管)中的吸收介质,使空气样品中的待测污染物浓缩在吸收介质中。吸收介质通常是液体和多孔状的固体颗粒物,其目的不仅浓缩了待测污染物,提高了分析灵敏度,并有利于去除干扰物质和选择不同原理的分析方法。有动力采样包括溶液吸收法、填充柱采样法和低温冷凝浓缩法。

(一)溶液吸收法

根据采样时间的不同,溶液吸收法可分为短时间采样和 24 h 连续采样。

1. 短时间采样

在全国开始空气质量监测时,由于缺乏必要的装备和条件,每个季度只开展 5 日采样监测,项目主要为 SO_2、NO_x 和 TSP。每日分早、中、晚各采 30 min 或 1 h。后来发现这种方法时间代表性太差,不能全面反映空气质量变化规律,已被淘汰。现在一些欠发达地区仍有使用的,应创造条件用 24 h 连续采样方法代替。

2. 24 h 连续采样

24 h 连续采样才能真实代表日均值浓度。根据项目的不同,在均匀间隔的日期进行采样 TSP,PM10,Pb,至少一年有分布均匀的 60 个日均值,每月有分布均匀的 5 个日均值。SO_2,NO_x,NO_2 至少有分布均匀的 144 个日均值,每个月有分布均匀的 12 个日均值。经过多年研究这样测得一个监测点污染物的年日均值,与自动站的年日均值相比,其相对偏差在 10% 以内。

上述两种采样方法均利用溶液吸收法采集气态和蒸气态的污染物,是最常用的气体污染物样品的浓缩采样法。根据需要,吸收管分别设计为:气泡吸收管(见图 3 - 4)、多孔玻板吸收管(见图 3 - 5)、多孔玻柱吸收管(见图 3 - 6)、多孔玻板吸收瓶(见图 3 - 7)和冲击式吸收管(见图 3 - 8)等。由于溶液收法的吸收效率受气泡直径、吸收液体高度、尖嘴部的气泡速度等因素的影响,为了提高吸收效率,尤其是对雾状气溶胶,目前只有两种方法:

第一种:让气体样品以很快的速度冲击到盛有吸收液的瓶底部,使雾状气溶胶颗粒因惯性作用被冲撞到瓶底部,再被瓶中吸收液阻留。冲击式吸收管是根据此原理设计制成的。冲击式吸收管不适用于采集气态污染物,这是因为气体分子的惯性很小,在快速抽气的情况下,容易随空气一起跑掉。只有在吸收液中溶解度很大或与吸收液反应很快的气体分子,才能被吸收完全。

第二种:让气体样品通过多孔玻板,使其分散成极细的小气泡进入吸收液中,使雾

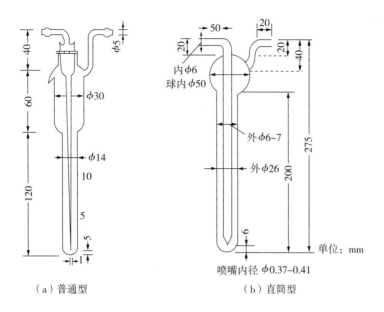

（a）普通型　　　　　　　　　　（b）直筒型

喷嘴内径 $\phi 0.37\sim 0.41$

图 3-4　气泡吸收管

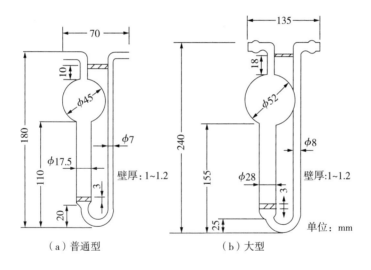

（a）普通型　　　　　　　　　　（b）大型

图 3-5　多孔玻板吸收管

状气溶胶一部分在通过多孔玻板时,被弯曲的孔道所阻留,然后被洗入吸收液中;一部分在通过多孔玻板后,形成很细小的气泡,被吸收液吸收。所以多孔玻板吸收管不仅对气态和蒸气态污染物的吸收效率较高,而且对与其共存的气溶胶也有很高的采样效率。

在使用溶液吸收法时,应注意以下几个问题:

a)选择吸收率:当采气流量一定时,为使气液接触面积增大,提高吸收效率,应尽可能的使气泡直径变小,液体高度加大,尖嘴部的气泡速度减慢。但不宜过度,否则管

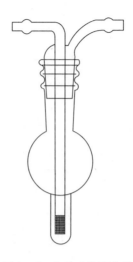

图 3-6　多孔玻柱吸收管

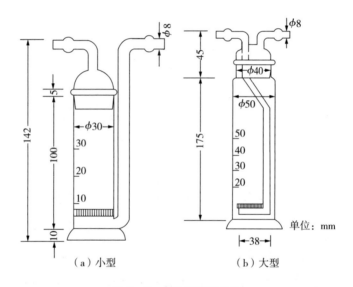

（a）小型　　　　　（b）大型

图 3-7　多孔玻板吸收瓶

路内压增加,无法采样。建议通过实验测定实际吸收效率来进行选择。

　　b)吸收管:①由于加工工艺等问题,应对吸收管的吸收效率进行检查,选择吸收效率为90%以上的吸收管,尤其是使用气泡吸收管和冲击式吸收管时。②新购置的吸收管要进行气密性检查,将吸收管内装适量的水,接至水抽气瓶上,两个水瓶的水面差为1 m,密封进气口,抽气至吸收管内无气泡出现,待抽气瓶水面稳定后,静置10 min,抽气瓶水面应无明显降低。③吸收管路的内压不宜过大或过小,可能的话要进行阻力测试。采样时,吸收管要垂直放置,进气内管要置于中心的位置。

　　c)稳定性:部分方法的吸收液或吸收待测污染物后的溶液稳定性较差,易受空气

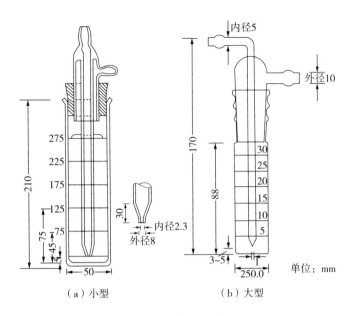

（a）小型　　　　　（b）大型

图 3 - 8　多孔玻板吸收瓶

氧化、日光照射而分解或随现场温度的变化而分解等,应严格按操作规程采取密封、避光或恒温采样等措施,并尽快分析。

d)其他:现场采样时,要注意观察不能有泡沫抽出。采样后,用样品溶液洗涤进气口内壁三次,再倒出分析。

（二）填充柱采样法

用一个内径约(3 ~ 5) mm,长(5 ~ 10) cm 的玻璃管,内装颗粒状的或纤维状的固体填充剂(见图 3 -9)。填充剂可以用吸附剂,或在颗粒状的或纤维状的担体比涂渍某种化学试剂。当空气样品以(0.1 ~ 0.5) L/min 或(2 ~ 5) L/min 的流速被抽过填充柱时,气体中被测组分因吸附、溶解或化学反应等作用而被阻留在填充剂上。

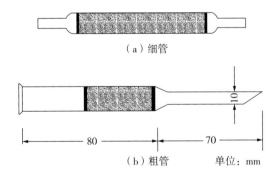

（a）细管

（b）粗管　　　　　单位: mm

图 3 - 9　填充柱采样管

填充柱的浓缩作用与气相色谱柱类似,若把空气样品看成是一个混合样品,通过填充柱时,空气中含量最高的氧和氮气等首先流出,而被测组分阻留在柱中。在开始采样时,被测组分阻留在填充柱的进气口部位,继续采样,被测组分阻留区逐渐向前推进,直至整个柱管达到饱和状态,被测组分才开始从柱中流漏出来。若在柱后流出气中发现被测组分浓度等于进气浓度的5%时,通过采样管的总体积称为填充柱的最大采样体积。它反映了该填充柱对某个化合物的采样效率(或浓缩效率),最大采样体积越大,浓缩效率越高。若要浓缩多个组分,则实际采样体积不能超过阻留最弱的那个化合物的最大采样体积。

实际上,由于进入填充柱采样管的气体浓度比较低,从流出气体中检出被测组分的流出量是很困难的。所以确定一个化合物的最大采样体积,一般常用间接的方法。即采样后,将填充柱分成三等份,分别测定各部分的浓缩量。如果后面的1/3部分的浓缩量占整个采样管总浓缩量的10%以下,可以认为没有漏出;如果大于25%,则可能有漏出损失。

填充柱采样法的特点与应注意的问题:

a)时间:可以长时间采样,可用于空气中污染物日平均浓度的测定。而溶液吸收法因吸收液在采气过程中有液体蒸发损失,一般情况下,不适宜进行长时间的采样。

b)固体填充剂:选择合适的固体填充剂对于蒸气和气溶胶都有较好的采样效率。而溶液吸收法对气溶胶往往采样效率不高。

c)稳定性:①污染物浓缩在填充剂上的稳定性,一般都比吸收在溶液中要长得多,有时可放几天,甚至几周不变。②在现场填充柱采样比溶液吸收管方便得多,样品发生再污染、洒漏的机会要少得多。

d)吸附效率:填充柱的吸附效率受温度等因素的影响较大,一般而言,温度升高,最大采样体积将会减少。水分和一氧化碳的浓度较待测组分大得多,用填充柱采样时对它们的影响要特别留意,尤其对湿度(含水量)。由于气候等条件的变化,湿度对最大采样体积的影响更为严重,必要时,可在采样管前接一个干燥管。

e)采样效率:实际上,为了检查填充柱采样管的采样效率,可在一根管内分前、后段填装滤料,如前段装100 mg,后段装50 mg,中间用玻璃棉相隔。但前段采样管的采样效率应在90%以上。

(三) 低温冷凝浓缩法

空气中某些沸点比较低的气态物质,在常温下用同体吸附剂很难完全被阻留,用制冷剂将其冷凝下来,浓缩效果较好。常用的制冷剂有:冰－盐水、干冰－乙醇以及半导体制冷器(－40～0)℃等(见表3－1)。经低温采样,被测组分冷凝在采样管中,然后接到气相色谱仪进样口,撤离冷阱,在常温下或加热气化,通入载气,吹入色谱柱中进行分离和测定。

低温冷凝法采样,在不加填充剂的情况下,制冷温度至少要低于被浓缩组分的沸点(80～100)℃,否则效率很差。这是因为空气样品在冷却时凝结形成很多小雾滴,含有一部分被测物随气流带走。若加入填充剂,可起到过滤雾滴的作用。因此,这时对温差的要求可以降低一些。例如,用内径2mm U形玻璃管,内装10 cm 6201担体,在冰—盐水中低温采集空气中醛类化合物(乙醛、丙烯醛、甲基丙烯醛、丁烯醛等),采样后,加热至140 ℃解吸,用气相色谱测定。

表3-1 常用制冷剂

制冷剂名称	制冷温度/℃	制冷剂名称	制冷温度/℃
冰	0	干冰-丙酮	-78.5
冰-食盐	4	干冰	78.5
干冰-二氯乙烯	-60	液氮-乙醇	-117
干冰-乙醇	-72	液氧	-183
干冰-乙醚	-77	液氮	-196

用低温冷凝采集空气样品,比在常温下填充柱法的采气量大得多,浓缩效果较好,对样品的稳定性更有利。但是用低温冷凝采样时,空气中水分和二氧化碳等也会同时被冷凝,若用液氮或液体空气作制冷剂时,空气中氧也有可能被冷凝阻塞气路。另外,在气化时,水分和二氧化碳也随被测组分同时气化,增大了气化体积,降低了浓缩效果,有时还会给下一步的气相色谱分析带来困难。所以,在应用低温冷凝法浓缩空气样品时,在进样口需接某种干燥管(如内填过氯酸镁、烧碱石棉、氢氧化钾或氯化钙等的干燥管),以除去空气中水分和二氧化碳(见图3-10)。

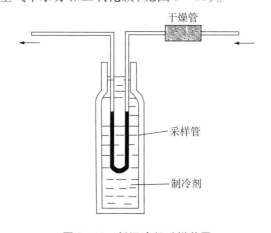

图3-10 低温冷凝采样装置

三、被动式采样法

被动式采样器是基于气体分子扩散或渗透原理采集空气中气态或蒸气态污染物的一种采样方法,由于它不用任何电源或抽气动力,所以又称无泵采样器。这种采样器体积小,非常轻便,可制成一支钢笔或一枚徽章大小,用作个体接触剂量评价的监测;也可放在欲测场所,连续采样,间接用作环境空气质量评价的监测。目前,常用于室内空气污染和个体接触量的评价监测。

第二节　环境空气采样器

环境空气采样器采用动力采样法,其采样器主要由收集器、流量计和采样动力三部分组成。

一、环境空气采样器工作原理

控制系统实时自动获取"计前温度""计前压力""流量计""大气压"等传感器的输出信号,并根据标定好的倍率、零点值计算出对应的计温、计压、气压和流量计处的流量值 Q_r。根据气体方程,把流量计处的流量 Q_r 换算到20℃,101.325 kPa 状态下的流量 Q_s;控制抽气泵转速,让 Q_s 与设定的采样流量 Q 相等。

若需要控制试液温度,则连接恒温箱并设置采样试液所需要温度,控制系统自动控制其温度达到设定温度,实现恒温恒流自动采样。采样器原理图见图 3 − 11。

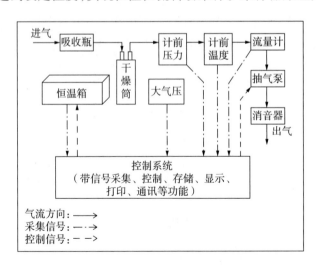

图 3 −11　环境空气采样器原理图

二、环境空气采样器类型

根据采样方法分类,短时间采样器分为电子式采样器和转子式采样器两种,见图 3 - 12。转子式采样器需要预调流量,采样体积按照预调流量计算;而电子式采样器可以根据设定流量自动调节,操作更加方便。24 h 连续采样器见图 3 - 13。

（a）转子式　　　　　　　　（b）电子式

图 3 - 12　短时间采样器

图 3 - 13　24 h 恒温恒流连续采样器

第三节　环境空气采样

因测定环境空气有害物质的测定方法较多,下面将以青岛崂山应用技术研究所生产的崂应 2020 型空气采样器和崂应 2021 型 24 h 恒温自动连续采样器为例,介绍按照 HJ 482—2009《环境空气　二氧化硫的测定　甲醛吸收—副玫瑰苯胺分光光度法》进行环境空气中二氧化硫实际测定的具体操作。

一、监测点位具体位置的要求[2]

在确定环境空气监测点具体位置时,必须满足以下要求:

a)应采取措施保证监测点附近 1000 m 内的土地使用情况相对稳定。

b)点式检测仪器采样口周围,监测光束附近或开放光程监测仪器发射光源到监测光束接收端不能有阻碍环境空气流通的高大建筑物、树术或其他障碍物。从采样口或监测光束到附近最高障碍物之间的水平距离,应为该障碍物与采样口或监测光束高度差的两倍以上。或从采样口至障碍物顶部与地平面夹角小于 30°。

c)在采样口周围水平面应保证 270°以上的捕集空间,如果采样口的一边靠近建筑物,采样口周围水平面应有 180°以上的自由空间。

d)监测点采样周围环境情况相对稳定,所在地质条件需长期稳定和足够坚实,所在地点应避免受山洪、雪崩、山林火灾和泥石流等局部灾害影响,安全和防火措施有保障。

e)监测点位附近无强大的电磁干扰,周围有稳定可靠的电力供应和避雷设备,通讯线路容易安装和检修。

f)区域点和背景点周围向外的大视野需 360°开阔,(1~10) km 方圆距离内应没有明显的视野阻断。

g)应考虑监测点位置设置在机关单位及其他公共场所时,保证通畅、便利的出入通道及条件,在出现突发状况时,可及时赶到现场进行处理。

二、采样口位置应符合下列要求

a)对于手工采样,其采样口离地面的高度应在(1.5~15) m 范围内。

b)对于自动监测,其采样口或监测光束离地面的高度应在(3~20) m 范围内。

c)对于路边交通点,其采样口离地面的高度应在(2~5) m 范围内。

d)在保证监测点具有空间代表性的前提下,若所选监测点周围半径(300~500) m 范围内建筑物平均高度在 25 m 以上,无法按满足 a)、b)条的高度要求设置时,其采样口高度可以在(20~30) m 范围内选取。

e)在建筑物上安装监测仪器时,监测仪器的采样口离建筑物墙壁、屋顶等支撑物表面的距离应大于 1 m。

f)使用开放光程监测仪器进行空气质量监测时,在监测光束能完全通过的情况下允许监测光束从日平均机动车流量少于 10000 辆的道路上空、对监测结果影响不大的小污染源和少量未达到间隔距离要求的树木或建筑物上空穿过,穿过的合计距离,不能超过监测光束总光程长度的 10%。

g) 当某监测点需设置多个采样口时,为防止其他采样口干扰颗粒物样品的采集,颗粒物采样口与其他采样口之间的直线距离应大于 1 m。若使用大流量总悬浮颗粒物(TSP)采样装置进行并行监测,其他采样口与颗粒物采样口直线距离应大于 2 m。

h) 对于环境空气质量评价城市点,采样口周围至少 50 m 范围内无明显固定污染源,为避免车辆尾气等直接对监测结果产生干扰,采样口与道路之间最小间隔距离应按表 3 - 2 的要求确定。

表 3 - 2 仪器采样口与道路之间最小间隔距离

道路日平均机动车流量（日平均车辆数）	采样口与道路之间最小间隔距离/m	
	PM10,PM2.5	SO₂,NO₂,CO,O₃
≤3000	25	10
3001 ~ 6000	30	20
6001 ~ 15000	45	30
15001 ~ 40000	80	60
>40000	150	100

i) 开放光程监测仪器的监测光程长度的测绘误差应在 ± 3 m 内(当监测光程长度小于 200 m 时,光程长度的测绘误差应小于实际光程的 ± 1.5%)。

j) 开放光程监测仪器发射端到接收端之间的监测光束仰角应不超过 15°。

三、采样前准备[3]

a) 气密性检查:检查采样系统是否有漏气现象。若有,应及时排除或更换新的装置。

b) 采样流量校准:启动抽气泵,将采样器流量计的指示流量调节至所需采样流量。用经检定合格的标准流量计对采样器流量计进行校准。流量校准将在下节详细讲解。

c) 温度控制系统及时间控制系统检查:检查吸收瓶温控槽及临界限流孔,温控槽的温度指示是否符合要求;检查计时器的计时误差是否超出误差范围。

d) 将干燥筒内装入 3/4 的有效变色硅胶,如果硅胶变色超过 2/3 应该及时更换硅胶。

将吸收瓶内装入吸收液,并将其正确地放置在吸收瓶支架上,见图 3 - 14。正确连接管路,防止倒吸。

注意:不要将气路连接管折弯过大,防止气路堵死,影响采样器正常工作。

e) 确认电源为 AC(220 ± 22) V,50 Hz 后,接通电源线,打开电源开关,看采样器

（a）短时间采样器

（b）24 h连续恒温恒流采样器

图 3 - 14　吸收瓶管路连接图

自检时有没有错误提示。若有，则需要修好后方可使用。

四、样品采集与保存

（一）短时间采样

1. 转子式采样器

开机后，采样器进入初始状态，进行自检，自检结束后，进入主操作菜单。将光标移动到"设置"项，按操作旋钮，进入设置菜单，可进行日期、时间的设置、修改。更改结束后，退出到旋转操作旋钮将光标移动到"采样"项，按操作旋钮，进入采样选择菜单。

采用内装 10 mL 吸收液（甲醛缓冲液，其他污染物所需的缓冲液参照对应的标准，如表 3 - 3 所示）的多孔玻板吸收管，接入采样气路中，在采样选择菜单中将预调流量设置为 0.5 L/min，调节转子流量计旋钮，使流量计的实际流量与预调流量一致。旋转操作旋钮到"③退出"项，退出到采样选择菜单。然后设定定时采样时间设置为（45 ~ 60） min，见图 3 - 15。吸收液温度保持在（23 ~ 29）℃范围。

2. 电子式采样器

采用内装 10 mL 吸收液（甲醛缓冲液，其他污染物所需的缓冲液参照对应的标

 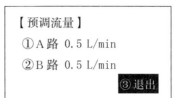

（a）采样选择菜单　　　　　　（b）预调流量菜单界面

图 3 – 15　采样界面

准,如表 3 – 3 所示)的多孔玻板吸收管,接入采样气路中,然后设定定时采样时间设置为(45 ~ 60) min。吸收液温度保持在(23 ~ 29) ℃范围。

开机后,采样器进入初始状态,进行自检,自检结束后,进入主操作菜单。通过▲、▼、◀、▶键将光标移动到"采样"项,按"OK"键进入采样选择菜单。首先设置 A、B 路编号,以及选择 A 路或 B 路进行采样,见图 3 – 16。

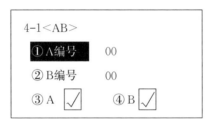

图 3 – 16　A、B 路选择及流量设置菜单

设置完成后,按▶键对 A 路采样进行设置,包括采样流量、采样时间、采样次数以及每次采样间隔时间,见图 3 – 17。

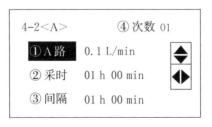

图 3 – 17　A 路采样设置菜单

注:流量是在 20 ℃时一个标准大气压下的标况流量。

（二）24 h 连续采样

开机后,采样器进入初始状态,进行自检,自检结束后,进入主操作菜单。将光标移动到"设置"项,进入采样设置界面,将采样单次时间设置为 24 h,根据实际需要选择是否需要间隔采样及采样次数。见图 3－18。

```
＜采样设置＞
① 单次    24 h 00 m
② 间隔    00 h 02 m
③ 次数    02
```

图 3－18　采样设置菜单界面

采用内装 50 mL 吸收液(甲醛缓冲液,其他污染物所需的缓冲液参照对应的标准,如表 3－3 所示)的多孔玻板吸收瓶,接入采样气路中以 0.2 L/min 的流量连续采样 24 h。吸收液温度保持在(23～29)℃ 范围。

表 3－3　主要气态污染物监测分析方法相关要求一览表

污染物	监测分析方法	标准号	采样时间	气样捕集装置	采样器要求	采样流量(L/min)
二氧化硫	四氯汞盐吸收－副玫瑰苯胺比色法	HJ 483—2009	短时间采样	多孔玻板吸收管 10 mL	吸收液温度保持在(23～29)℃	0.5
			用于 24 h 连续采样	多孔玻板吸收管 50 mL	吸收液温度保持在(23～29)℃	0.2～0.3
	甲醛吸收－副玫瑰苯胺分光光度法	HJ 482—2009	短时间采样	多孔玻板吸收管 10 mL	空气采样器	0.5
			用于 24 h 连续采样	多孔玻板吸收管 50 mL	(10～16)℃ 恒温采样	0.2
氮氧化物	Saltzman 法	HJ 479—2009	短时间采样	多孔玻板吸收瓶 10 mL	/	0.4
			用于 24 h 连续采样	多孔玻板吸收瓶 25 mL 或 50 mL	吸收液温度保持在(16～24)℃	0.2
二氧化氮	Saltzman 法	GB/T 15435—1995	短时间采样	多孔玻板吸收瓶 10 mL	/	0.4
			用于 24 h 连续采样	多孔玻板吸收瓶 25 mL 或 50 mL	吸收液温度保持在(16～24)℃	0.2
臭氧	靛蓝二磺酸钠分光光度法	HJ 504—2009	/	多孔玻板吸收管吸收管罩黑布套 10 mL	/	0.5

续表

污染物	监测分析方法	标准号	采样时间	气样捕集装置	采样器要求	采样流量（L/min）
一氧化碳	非分散红外法	GB/T 9801—88	/	采气袋	/	/
氟化物	滤膜·氟离子选择电极法	HJ 480—2009	/	乙酸—硝酸纤维微孔滤膜：孔径为 5 μm	/	100 ~ 120
	石灰滤纸·氟离子选择电极法	HJ 481—2009	/	石灰滤纸；定性滤纸 φ12.5 cm	/	/
氨	纳氏试剂分光光度法	HJ 533—2009	/	吸收瓶或大型多孔玻板吸收瓶 50 mL	/	0.5 ~ 1.0
			浓度较低时	大型气泡吸收管 10 mL	/	1.0
	次氯酸钠—水杨酸分光光度法	HJ 534—2009	/	吸收管 10 mL	/	1.0 ~ 5.0
	氨气敏电极法	《空气和废气监测分析方法》		U 形多孔玻璃吸收管 10 mL	/	0.5 ~ 1.0
	离子色谱法	《空气和废气监测分析方法》	/	大型气泡吸收管 10 mL	/	1.0
硫化氢	亚甲基蓝分光光度法	《空气和废气监测分析方法》		大型气泡吸收管 10 mL	/	1.0

（三）样品保存

a）现场空白：将装有吸收液的采样管带到采样现场，除了不采气之外，其他环境条件与样品相同。

b）样品采集、运输和贮存过程中应避免阳光照射。

c）放置在室（亭）内的 24 h 连续采样器，进气口应连接符合要求的空气质量集中采样管路系统，以减少二氧化硫进入吸收瓶前的损失。

五、样品分析

具体分析过程参照 HJ 482—2009《环境空气　二氧化硫的测定　甲醛吸收 - 副玫瑰苯胺分光光度法》。

六、质量保证和质量控制

a) 应使用经计量检定单位检定合格的采样器。使用前必须经过流量校准,流量误差应不大于 5%;采样时流量应稳定。

b) 多孔玻板吸收管的阻力为 (6.0 ± 0.6) kPa,2/3 玻板面积发泡均匀,边缘无气泡逸出。

c) 采样时吸收液的温度在 $(23 \sim 29)$ ℃时,吸收效率为 100%;$(10 \sim 15)$ ℃时,吸收效率偏低 5%;高于 33 ℃或低于 9 ℃时,吸收效率偏低 10%。

d) 每批样品至少测定 2 个现场空白。即将装有吸收液的采样管带到采样现场,除了不采气之外,其他环境条件与样品相同。

e) 当空气中二氧化硫浓度高于测定上限时,可以适当减少采样体积或者减少试料的体积。

f) 如果样品溶液的吸光度超过标准曲线的上限,可用试剂空白液稀释,在数分钟内再测定吸光度,但稀释倍数不要大于 6。

第四节   空气采样器常见问题及解决方法

由于空气采样器的使用环境、使用频率不同,在使用过程中会出现一些故障问题,简单故障及排除方法见表 3 - 4。

表 3 - 4   采样器简单故障及排除方法

故障现象	可能原因	解决方法
采样器开通电源开关,仪器无显示	1) 未接通电源; 2) 开关电源保险丝烧断; 3) 开关坏; 4) 显示屏坏;	1) 接通 220V 电源; 2) 更换保险丝; 3) 更换开关; 4) 更换显示屏
采样器不断返屏、程序不运行、按键不好用	1) 主板损坏; 2) 存储器损坏; 3) 薄膜按键坏	1) 更换主板; 2) 更换存储器; 3) 更换薄膜按键
抽气力不足、流量上不去	1) 防倒吸干燥筒不密封; 2) 过滤器罩不密封; 3) 转子流量计坏; 4) 压力传感器坏; 5) 采样泵坏	1) 更换防倒吸干燥筒; 2) 更换过滤器罩; 3) 更换转子流量计; 4) 更换压力传感器; 5) 更换采样泵

故障现象	可能原因	解决方法
没有流量、流量超差	1)滤芯堵塞； 2)采样泵倒吸； 3)流量需要重新标定； 4)漏气	1)更换滤芯； 2)清洗采样泵； 3)重新标定采样器流量； 4)检查气容、防倒吸干燥筒
计温不准	1)零点； 2)温度传感器坏	1)根据调试工艺要求重新标定温度； 2)更换温度传感器
启动采样泵时，泵不工作	1)采样泵卡住； 2)电路板故障	1)清洗采样泵； 2)更换采样泵； 3)维修电路板
泵启动后流量计浮子不动	1)吸收液倒吸导致流量计； 2)浮子卡住	1)清洗流量计； 2)更换流量计

第五节　环境空气采样器的检定

一、被检仪器介绍

环境空气采样器检定执行 JJG 956—2013《大气采样器》，以普通型环境空气采样器崂应 2020 为例，流量范围是(0.1 ~ 1.0) L/min，可两路采样。根据环保行业标准 HJ 479—2009 要求，测量空气中 NO_x 以 0.4 L/min 流量采样时，玻板阻力应在(4 ~ 5) kPa 之间，所以应用于环境监测的环境空气采样器均为 B 类产品。

二、检定用标准器及配套设备

按照 JJG 956—2013《大气采样器》要求[4]，计量标准器及配套设备见表 3 – 5。

表 3 – 5　环境空气采样器检定用计量标准器及要求

标准器	要　求
流量标准装置	工作范围(0 ~ 6) L/min，准确度等级为 1.0 级
精密水银温度计	范围(0 ~ 50) ℃，分度值为 0.1 ℃
电子秒表	分度值 0.01 s
数字压力计	压力范围 ±60 kPa，准确度等级 0.05 级
空盒气压计	量程范围(800 ~ 1060) hPa
绝缘电阻表	额定电压 500 V，准确度等级 10 级

崂应 7030S 型智能皂膜流量计、崂应 7040 型、7040A 型便携式气体、粉尘、烟尘采样仪综合校准装置和崂应 8040 型智能高精度综合标准仪(见图 3 - 19),流量精度和测量范围均能满足检定要求,下面以崂应 7030S 型智能皂膜流量计作为流量主标准器对环境空气采样器的检定进行介绍。

(a)崂应7030S   (b)崂应8040   (c)崂应7040/7040A

图 3 - 19 流量标准器分类

三、检定项目及要求

环境空气采样器的检定项目及要求见表 3 - 6。

表 3 - 6 检定项目及要求

检定项目	要　　求
常规检查	仪器应结构完整,连接可靠,各旋钮应能正常调节。仪器外观应无影响仪器正常工作的损伤,显示部分清晰完整。仪器铭牌清晰标明仪器名称、型号、出厂年月、编号、制造计量器具许可证标志及制造厂名称
气密性检查	在仪器运转状态下,将系统入口密封,采样流量计的浮子应逐渐下降到零
绝缘电阻检查	应不小于 20 MΩ
流量示值误差	不超过 ±5%
流量重复性	不超过 2%
流量稳定性	不超过 5%
计时误差	不超过 ±0.2%
控温稳定性	应不超过 2 ℃
温度示值误差	应不超过 ±2 ℃

四、检定方法

(一)常规检查

采样器的常规检查采用目测手感方式,观察仪器应结构完整,连接可靠,各旋钮应能正常调节。仪器外观应无影响仪器正常工作的损伤,显示部分清晰完整。仪器铭牌清晰标明仪器名称、型号、出厂年月、编号、制造计量器具许可证标志及制造厂名称。

(二)气密性检查

在采样器运转状态下,将系统入口密封,采样流量计的浮子应逐渐下降到零。仪器常规及气密性检测合格。

(三)绝缘电阻检查

采样器处于非工作状态,开关置于接通位置,将绝缘电阻表的接线端分别接到仪器电源插头的相线与机壳上,因机壳上的金属部件与机壳相连,也可将插头连接到任意金属件上,见图 3－20。以 120 r/min 的转速施加 500 V 直流试验电压,稳定 5 s 后,读取绝缘电阻表指示的绝缘电阻值。绝缘电阻应不小于 20 MΩ。仪器合格。

图 3－20 绝缘电阻检定连接示意图

(四)流量示值误差

1. 采样前校准器准备

将洗洁精和去离子水按 1∶1 的比例混合配置一定量的皂液,将皂膜管下部的皂液盒旋转至合适角度、拔下,加入适量皂液(液位不要超过皂膜管下端),将皂液盒重新安装到皂膜管上后旋转一定角度至卡住状态。或用针筒等工具经由皂膜管进气口加入适量的皂液。使用前挤压起膜器,润滑皂膜管。查看温度计及空盒气压表,记录当前温度及大气压。青岛崂山应用技术研究所生产的校准装置均包含传感器可自动测量环境温度及大气压,可进入设置界面选择测量或输入状态。一般输入检定环境的当前温度及大气压。

对普通型环境空气采样器在满量程范围内的 80%,60%,30% 附近选取 3 点流量值进行检定,空气采样器我们只需检定 0.8 L/min,0.6 L/min,0.3 L/min 三个流量点;

对恒温恒流型采样器只检定 0.2 L/min 流量点,并将温度设定为实验室环境温度。

2. 空载状态下流量示值误差的检定

设置皂膜流量计检定条件,将光标移动到"5. 检定条件",按"OK"键进入检定条件设置界面,见图 3-21。操作▲、▶键输入当前的管路负压(空载为 0 kPa)及标定温度值(转子流量计标定温度 20 ℃;电子流量计的标定温度在被检仪器主界面同大气压交替显示)并按"OK"键确认。

> 【检定条件】
>
> 管路负压 = 0.5 kPa
>
> 标定温度 = 20.8 ℃

图 3-21 检定条件设置界面

除去仪器收集器及干燥瓶,将被检仪器的入气口与标准器的出气口相连,见图 3-22。启动采样器调节采样流量至 0.3 L/min。仪器稳定后,按压起膜按键生成一个平整完好的皂膜,当皂膜管下端的光电检测端检测到皂膜时起,上端检测到皂膜后止,一次测量过程完毕。皂膜流量计会根据计时,环境温度和大气压,以及设置菜单下设定的参数,根据公式(3-1)自动计算出当前实际流量、标况流量和刻度流量,所以不必记录通过皂膜流量计固定体积 V 的时间 t,直接读取刻度流量 Q_S 实际流量 Q_R。

图 3-22 空载气路连接示意图

$$Q_R = \frac{V}{t} \times 60 \tag{3-1}$$

式中:V——皂膜流量计的体积,mL;

t——气体通过皂膜流量计固定体积的时间,s。

按公式(3-2)将 Q_R 换算为刻度状态下的实际流量 Q_S。

$$Q_S = Q_R \times \sqrt{\frac{T_s}{P_s} \times \frac{P}{T}} \tag{3-2}$$

式中:P——检定环境大气压,kPa;

P_s——标准状态下的大气压,101.325 kPa;

　T——检定环境下的热力学温度,K;

　T_s——刻度状态下的热力学温度(273.15 + t)K,t 为刻度状态温度,℃。

每点测 3 次,取 3 次的算术平均值 $\overline{Q_S}$,按公式(3 – 3)计算检定点示值误差,取 3 个计算结果中绝对值最大值作为流量示值误差的检定结果。不超过 ±5%。

$$\delta_Q \frac{Q_y - \overline{Q_S}}{\overline{Q_S}} \times 100\% \qquad (3 - 3)$$

式中:δ_Q——检定点仪器流量的示值误差,%;

　Q_y——检定点仪器的刻度流量示值,L/min;

　$\overline{Q_S}$——检定点刻度实际流量的算术平均值,L/min。

3. 负载状态下流量示值误差的检定

设置皂膜流量计检定条件,将光标移动到"5. 检定条件",按"OK"键进入检定条件设置界面,见图 3 – 21。操作▲、▶键输入当前的管路负压(负载为 4.5 kPa)及标定温度值(转子流量计标定温度 20 ℃;电子流量计的标定温度在被检仪器主界面同大气压交替显示)并按"OK"键确认。

除去仪器收集器及干燥瓶。通过三通连接数字压力计、压力调节阀及被检仪器入气口,压力调节阀另一端接标准器出气口。启动仪器,调节流量到 0.3 L/min,然后调节压力阀,使数字压力计读数为 4.5 kPa。采样流量稳定在 0.3 L/min 后,开始测量。同样直接读取标准器的实际流量 Q_R 和刻度流量 Q_S。

注意:由多孔玻板吸收瓶自身性能决定,流量变化对其玻板阻力影响较小,通过大量试验,阻力一般在(4.2 ~ 4.9) kPa 变化,但压力阀的原理不同,高流量时阻力可达到十几千帕,所以在检测时每个流量的阻力都要调节到 4.5 kPa,或直接用多孔玻板吸收瓶检测。见图 3 – 23。

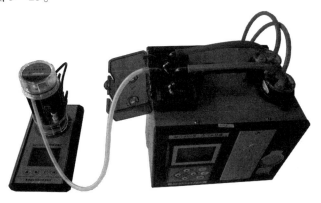

图 3 – 23　负载气路连接示意图

用公式(3-4)将 Q_R 换算为刻度状态下的实际流量 Q_s。

$$Q_s = Q_R \times \frac{P}{\sqrt{P_s \times (P - P_f)}} \times \sqrt{\frac{T_s}{T}} \qquad (3-4)$$

式中:P——检定环境大气压,kPa;

$\quad\quad P_f$——检定时管路中负压,kPa;

$\quad\quad P_s$——标准状态下的大气压,101.325kPa;

$\quad\quad T$——检定环境下的热力学温度,K;

$\quad\quad T_s$——刻度状态下的热力学温度(273.15+t)K,t 为刻度状态温度,℃。

每点测 3 次,取 3 次的算术平均值,按公式(3-3)计算检定点示值误差,取 3 个计算结果中绝对值最大值作为负载状态下流量示值误差的检定结果(不超过 ±5%)。

恒温恒流型环境空气采样器流量示值误差检定方法与普通型的相同。流量点 0.2 L/min,标定温度看主界面。

（五）流量重复性检定

对普通型环境空气采样器选择满量程的60%附近点流量值,即0.6 L/min,对恒温恒流型采样器只检定0.2 L/min 流量点,并将温度设定为实验室环境温度。

按负载状态下流量的检测方法连接,启动仪器,调节压力阀使数字压力计读数为 4.5 kPa。读取标准器的实际流量 Q_R,重复测量 6 次,按公式(3-5)计算流量重复性 (不超过2%)。

$$s_r = \frac{1}{\overline{Q_R}} \sqrt{\frac{\sum_{i=1}^{n} (Q_{R,i} - \overline{Q_R})^2}{n-1}} \times 100\% \qquad (3-5)$$

式中:$Q_{R,i}$——第 i 次的测量结果,L/min;

$\quad\quad \overline{Q_R}$——检定点工况流量的算术平均值,L/min;

$\quad\quad n$——测量次数。

（六）流量稳定性检定

对普通型环境空气采样器选择满量程的60%附近点流量值,即0.6 L/min,对恒温恒流型采样器只检定0.2 L/min 流量点,并将温度设定为实验室环境温度。

按负载状态下流量的检测方法连接,启动仪器,调节压力阀使数字压力计读数为 4.5 kPa。仪器稳定后,读取标准器的实际流量 Q_R。在不调节采样流量的情况下,连续工作 1 h,每 15 min 测定 1 次,共 5 次;对于有 24 h 恒温恒流要求的采样器,连续工作 8 h,每 2 h 测定 1 次,共 5 次。取 5 次测量数据中最大值 Q_{max} 和最小值 Q_{min},按公式

(3-6) 计算流量稳定性(不超过 5%)。

$$\delta = \frac{Q_{max} - Q_{min}}{\overline{Q}_R} \times 100\% \qquad (3-6)$$

式中: $\overline{Q}_R$——检定点仪器工况流量的算术平均值,L/min。

注:恒温恒流型环境空气采样器流量重复性检定方法与普通型的相同。

（七）计时误差检定

将仪器的定时采样时间设置为 1 h,同时启动秒表和仪器,待仪器到达设定时间时,停止计时,记录秒表显示时间,按公式(3-7)计算计时误差(不超过 ±0.2%)。

$$\delta_t = \frac{t_1 - t_2}{t_2} \times 100\% \qquad (3-7)$$

式中: t_1——仪器定时时间,s;

t_2——秒表计时时间,s。

注:普通型环境空气采样器的计时误差与流量稳定性时间都是 1 h,可同时检定。

（八）控温稳定性检定

对于 24 h 恒温恒流型的仪器,将温度计直接插入仪器恒温器中,稳定后开始记录第 1 次值 T_1,连续工作 8 h,每 2 h 测定 1 次,共 5 次。取 5 个测量数据中最大值 T_{max} 和最小值 T_{min},按公式(3-8)计算 ΔT_X 和 ΔT_N,取二者中大者为控温稳定性(应不超过 2℃)。

$$\Delta T_X = T_{max} - T_1; \Delta T_N = T_1 - T_{min} \qquad (3-8)$$

（九）温度示值误差的检定

将温度计直接插入仪器恒温器中,将控温装置的温度设定为 20℃,稳定后连续读取温度计 3 次测量值,取其平均值 $\overline{T}$,按公式(3-9)计算温度示值误差(应不超过 ±2℃)。

$$\Delta T = 20℃ - \overline{T} \qquad (3-9)$$

注:恒温恒流型环境空气采样器的控温稳定性和温度示值误差与流量稳定性的检定时间均为 8 h,可同时检定。

参考文献

[1] 魏复盛. 空气和废气监测分析方法(第四版增补版)[M]. 北京:中国环境科学出版

社,2013.

 [2] HJ 664—2013 环境空气质量监测点位布设技术规范(试行).

 [3] HJ/T 194—2005 环境空气质量手工检测技术规范.

 [4] JJG 956—2013 大气采样器.

第四章　环境空气颗粒物采样器

第一节　仪器产生的背景与工作原理

一、颗粒物的产生及分类

颗粒物指存在于环境空气中的各种颗粒,它并非一种单一、特定成分的化学物质,而是由各种来源、大小、组成、性质各异的颗粒物所组成的混合物。

颗粒物按照来源分类,可分为:

a)一次颗粒物:从天然污染源和人为污染源直接释放到大气中的颗粒物,如土壤粒子、海盐粒子、燃烧烟尘、花粉、微生物等。

b)二次颗粒物:从污染源排放的气体,在大气中经物理、化学作用转化生成的颗粒,如锅炉排放的 H_2S、SO_2 等经过大气氧化过程生成的硫酸盐颗粒。

颗粒物按照性质分类,可分为:

a)无机颗粒:如金属尘粒、矿物尘粒和建材尘粒等。

b)有机颗粒:如植物纤维、动物毛发、角质、皮屑、化学染料和塑料等。

c)有生命颗粒:如单细胞藻类、菌类、原生动物、细菌和病毒等。

颗粒物按照粒径分类,可分为:

a)总悬浮颗粒物(Total Suspended Particulate,简称 TSP):环境空气中空气动力学当量直径小于等于 100 μm 的颗粒物。

b)可吸入颗粒物(Inhalable Particles,一般称为 PM10):环境空气中空气动力学当量直径小于等于 10 μm 的颗粒物。

c)细颗粒物(Fine Particles,一般称为 PM2.5):环境空气中空气动力学当量直径小于等于 2.5 μm 的颗粒物。

二、颗粒物的危害

颗粒物对植物和自然生态系统的完整性、空气能见度、建筑材料以及大气辐射等气候环境等都有直接和间接的影响。

颗粒物对人体的危害程度取决于颗粒物的理化性质及其来源。颗粒物成分是主要致病因子,颗粒物的浓度和暴露时间决定了颗粒物的吸入量和对机体的危害程度,颗粒物的粒径和状态决定了其在呼吸道内沉着滞留的位置。可吸入颗粒物被人吸入后,会累积在呼吸系统中,引发许多疾病。粒径越细的颗粒物对人体的危害越大。粒径超过 10 μm 的颗粒物可被鼻腔阻留,也可通过咳嗽排出人体;粒径小于 10 μm 的可吸入颗粒物可随人的呼吸进入呼吸道;粒径小于 2.5 μm 的细颗粒物(也称入肺颗粒物)甚至可以进入肺泡、血液,使机体处于缺氧状态,导致一系列病变。颗粒物表面通常易附带有毒、有害物质(例如重金属、微生物),进入呼吸道后可能促使基因诱变,甚至导致死亡,对人体的危害更大。

三、颗粒物监测方法及原理[1-2]

颗粒物浓度的监测方法主要分为手工监测法和自动连续监测法,手工监测法是根据采集颗粒物的重量和采样体积计算出颗粒物的浓度,如重量法;自动连续监测法是利用颗粒物的特性与质量浓度存在一定的关系,通过测量颗粒物的特性转化为颗粒物的浓度,如振荡天平法、光散射法、β 射线法等。

(一) 手工监测方法

我国目前颗粒物测定的标准方法是重量法,其原理为:

通过具有一定切割特性(TSP 或 PM10 或 PM2.5)的采样器,以恒速抽取一定量体积的空气,空气中粒径小于 100 μm 或 10 μm 或 2.5 μm 的颗粒物被截留在已恒重的滤膜上。根据采样前、后滤膜重量之差及采气体积,计算 TSP 或 PM10 或 PM2.5 颗粒物的质量浓度。滤膜经处理后,可进行组分分析,用于测定颗粒物中的金属、无机盐及有机污染物等组分。

(二) 自动连续监测方法

环境空气颗粒物自动连续监测方法按原理不同可分为 β 射线吸收法、振荡天平法、压电微量天平法和光散射法等。

β 射线吸收法的主要原理为:颗粒物吸收 β 射线的量与其质量成正比关系。环境空气由采样泵吸入采样管,经过滤膜后排出,颗粒物沉淀在滤膜上,当 β 射线通过沉积着颗粒物的滤膜时,β 射线的能量衰减,通过对衰减量的测定计算颗粒物的浓度。

振荡天平法的主要原理为:在质量传感器内使用一个振荡空心锥形管,在其振荡端安装可更换的滤膜,振荡频率取决于锥形管特征和其质量。当采样气流通过滤膜,其中的颗粒物沉积在滤膜上,滤膜的质量变化导致振荡频率的变化,通过振荡频率变化计算出沉积在滤膜上颗粒物的质量,再根据流量、现场环境温度和气压计算出颗粒物的质量浓度。

压电微量天平法的主要原理为:压电晶体在施加交流电压时会产生机械共振,共振的频率响应是质量的函数。利用静电沉降法或冲击法将颗粒物沉积在晶体上,通过测量晶体的频率响应得到沉积在晶体上的颗粒物质量,再根据流量、现场环境温度和气压计算出颗粒物的质量浓度。

光散射法的主要原理为:当空气中的颗粒物通过激光照射的测量区时,颗粒物会对入射的激光进行散射,散射光强的大小与颗粒物的直径有关。测量一定时间内散射光强的脉冲数目以及光强的大小,然后根据空气流量就可得到单位体积空气中的颗粒物数量。再根据 Mie 氏散射理论由散射光强得到颗粒物的尺寸,在颗粒物密度已知的情况下,得出颗粒物的总质量密度。

第二节　采样标准及检测技术

一、环境空气功能分区和质量要求

根据 2016 年 1 月 1 日实施的 GB 3095—2012《环境空气质量标准》,环境空气功能区分为二类:一类区为自然保护区、风景名胜区和其他需要特殊保护的区域;二类区为居民区、商业交通居民混合区、文化区、工业区和农村地区。一类区适用一级浓度限值,二类区适用二级浓度限值,具体见表 4-1。

表 4-1　颗粒物污染浓度限值

序号	污染物项目	平均时间	浓度限值/(μg/m³)	
1	PM10	年平均	40	70
		日平均	50	150
2	PM2.5	年平均	15	35
		日平均	35	75
3	TSP	年平均	80	200
		日平均	120	300
4	铅(Pb)	年平均	0.001	0.001
		日平均	0.0025	0.0025
5	苯并[a]芘(BaP)	年平均	0.001	0.001
		日平均	0.0025	0.0025

二、监测点位布设

监测点位的布设参照 HJ 664—2013《环境空气质量监测点位布设技术规范》执行。

(一)环境空气质量监测点位布设原则

环境空气质量监测点位布设需具有代表性、可比性、整体性、前瞻性、稳定性等原则。

(二)环境空气质量监测点位布设数量要求

各城市环境空气质量评价城市点的最少监测点位数量应符合表4-2的要求。按建成区城市人口和建成区面积确定的最少监测点位数不同时,取两者中的较大值。

环境空气质量评价区域点、背景点、污染监控点、路边交通点的数量根据国家规划或管理需要进行设置。

表4-2 环境空气质量评价城市点设置数量要求

建成区城市人口/万人	建成区面积/km²	最少监测点数
<25	<20	1
25~50	20~50	2
50~100	50~100	4
100~200	100~200	6
200~300	200~400	8
>300	>400	按每(50~60)km² 建成区面积设1个监测点,并且不少于10个点

(三)监测点周围环境和采样口位置的具体要求

1. 监测点周围环境应符合的要求

a)应采取措施保证监测点附近1000 m内的土地使用状况相对稳定。

b)点式监测仪器采样口周围,监测光束附近或开放光程监测仪器发射光源到监测光束接收端之间不能有阻碍环境空气流通的高大建筑物、树木或其他障碍物。从采样口或监测光束到附近最高障碍物之间的水平距离,应为该障碍物与采样口或监测光束高度差的两倍以上,或从采样口至障碍物顶部与地平线夹角应小于30°。

c)采样口周围水平面应保证270°以上的捕集空间,如果采样口一边靠近建筑物,采样口周围水平面应有180°以上的自由空间。

d)监测点周围环境状况相对稳定,所在地质条件需长期稳定和足够坚实,所在地点应避免受山洪、雪崩、山林火灾和泥石流等局地灾害影响,安全和防火措施有保障。

e)监测点附近无强大的电磁干扰,周围有稳定可靠的电力供应和避雷设备,通信线路容易安装和检修。

f)区域点和背景点周边向外的大视野需360°开阔,(1~10)km 方圆距离内应没有明显的视野阻断。

g)应考虑监测点位设置在机关单位及其他公共场所时,保证通畅、便利的出入通道及条件,在出现突发状况时,可及时赶到现场进行处理。

2. 采样口位置应符合的要求

a)对于手工采样,其采样口离地面的高度应在(1.5~15)m 范围内。

b)对于自动监测,其采样口或监测光束离地面的高度应在(3~20)m 范围内。

c)对于路边交通点,其采样口离地面的高度应在(2~5)m 范围内。

d)在保证监测点具有空间代表性的前提下,若所选监测点位周围半径(300~500)m 范围内建筑物平均高度在 25 m 以上,无法按满足 a)、b)条的高度要求设置时,其采样口高度可以在(20~30)m 范围内选取。

e)在建筑物上安装监测仪器时,监测仪器的采样口离建筑物墙壁、屋顶等支撑物表面的距离应大于 1 m。

f)使用开放光程监测仪器进行空气质量监测时,在监测光束能完全通过的情况下,允许监测光束从日平均机动车流量少于10000辆的道路上空、对监测结果影响不大的小污染源和少量未达到间隔距离要求的树木或建筑物上空穿过,穿过的合计距离,不能超过监测光束总光程长度的10%。

g)当某监测点需设置多个采样口时,为防止其他采样口干扰颗粒物样品的采集,颗粒物采样口与其他采样口之间的直线距离应大于 1 m。若使用大流量总悬浮颗粒物(TSP)采样装置进行并行监测,其他采样口与颗粒物采样口的直线距离应大于 2 m。

h)对于环境空气质量评价城市点,采样口周围至少 50 m 范围内无明显固定污染源,为避免车辆尾气等直接对监测结果产生干扰,采样口与道路之间最小间隔距离应按表 4 - 3 的要求确定。

表4-3　仪器采样口与交通道路之间最小间隔距离

道路日平均机动车流量/日平均车辆数	采样口与交通道路边缘之间最小距离/m
≤3000	25
3001~6000	30
6001~15000	45
15001~40000	80
>40001	150

i)开放光程监测仪器的监测光程长度的测绘误差应在 ±3 m 内(当监测光程长度小于 200 m 时,光程长度的测绘误差应小于实际光程的 ±1.5%)。

j)开放光程监测仪器发射端到接收端之间的监测光束仰角不应超过 15°。

三、采样频次和时间[3]

测量 PM10、PM2.5 年平均浓度时,每年至少有 324 个日平均浓度值,每月至少有 27 个日平均浓度值(二月至少有 25 个日平均浓度值);测量 PM10、PM2.5 日平均浓度时,每日至少有 20 个小时平均浓度值或采样时间。

测量 TSP、Pb、BaP 年平均浓度时,每年至少有分布均匀的 60 个日平均浓度值,每月至少有分布均匀的 5 个日平均浓度值;测量 Pb 季平均浓度时,每季至少有分布均匀的 15 个日平均浓度值,每月至少有分布均匀的 5 个日平均浓度值;测量 TSP、Pb、BaP 日平均浓度时,每日应有 24 h 的采样时间。

四、采样仪器和材料[4-5]

环境空气颗粒物采样器按其流量大小可分为:大流量采样器($1.05\ \text{m}^3/\text{min}$)、中流量采样器($100\ \text{L/min}$)和小流量采样器($16.67\ \text{L/min}$)。

1. 切割器

TSP 切割器:切割粒径 $Da_{50} = (100 \pm 0.5)\ \mu\text{m}$。

PM10 切割器:切割粒径 $Da_{50} = (10 \pm 0.5)\ \mu\text{m}$;捕集效率的几何标准差为 $\sigma_g = (1.5 \pm 0.1)\ \mu\text{m}$。

PM2.5 切割器:切割粒径 $Da_{50} = (2.5 \pm 0.2)\ \mu\text{m}$;捕集效率的几何标准差为 $\sigma_g = (1.2 \pm 0.1)\ \mu\text{m}$。

2. 流量计

大流量流量计:量程$(0.8 \sim 1.4)\ \text{m}^3/\text{min}$,误差≤2%。

中流量流量计:量程$(60 \sim 125)\ \text{L/min}$,误差≤2%。

小流量流量计:量程 <30 L/min,误差≤2%。

3. 滤膜夹

用于采样时安放和固定滤膜。

4. 滤膜

根据样品采集目的可选用超细玻璃纤维滤膜、石英滤膜等无机滤膜或聚氯乙烯、聚丙烯、聚四氟乙烯、混合纤维素等有机滤膜。

a) 玻璃纤维滤膜吸湿性小、耐高温、阻力小,但是其机械强度差。除做 TSP,PM10,PM2.5 的质量法分析外,样品可以用酸或有机溶剂提取,适于做不受滤膜组分及所含杂质影响的元素分析及有机污染物分析。

b) 聚氯乙烯纤维滤膜吸湿性小、阻力小、有静电现象、采样效率高、不亲水、能溶于乙酸丁酯,适用于重量法分析,消解后可做元素分析。

c) 微孔滤膜是由醋酸纤维素或醋酸－硝酸混合纤维素制成的多孔性有机薄膜,用于空气采样的孔径有 0.3 μm,0.45 μm,0.8 μm 等几种。微孔滤膜阻力大,且随孔径减小而显著增加,吸湿性强、有静电现象、机械强度好,可溶于丙酮等有机溶剂。不适于做重量法分析,消解后适于做元素分析;经丙酮蒸气使之透明后,可直接在显微镜下观察颗粒形态。

滤膜应厚薄均匀,无针孔、无毛刺。TSP、PM10 滤膜对 0.3 μm 标准粒子的截留效率不低于99%,PM2.5 滤膜对 0.3 μm 标准粒子的截留效率不低于 99.7%。

5. 滤膜保存盒

用于保存、运送滤膜,保证滤膜在采样前处于平整不受折状态。

6. 滤膜袋

用于存放采样后对折的采尘滤膜。袋面印有编号、采样日期、采样地点、采样人等项目。

7. 镊子

用于夹取滤膜,使用无锯齿状镊子。

8. X 光看片机

用于检查滤膜有无缺损。

9. 打号机

用于在滤膜及滤膜袋上打号。

10. 恒温恒湿箱(室)

箱(室)内空气温度要求在(15～30)℃范围内连续可调,控温精度 ±1℃;箱(室)内空气湿度应控制在(50%±5%)RH,恒温恒湿箱(室)可连续工作。

11. 天平

大流量滤膜称重用感量 1 mg 的天平,中流量、小流量滤膜称重用感量 0.1 mg、0.01 mg 的分析天平。

五、采样前准备

(一) 流量校准

为保证采样体积的准确性,需对环境空气颗粒物采样器进行校准。新购置或维修后的颗粒物采样器在启动前应进行流量校准;正常使用的颗粒物采样器每月需进行一次流量校准。

1. 校准环境条件

a)环境温度:(10~35)℃;

b)环境湿度:不大于 85% RH;

c)电源电压:交流电压(220±22)V。

2. 校准用设备

a)大流量孔口流量计:应包括 1050 L/min 流量点,相对误差应不超过 ±1%;

b)中流量孔口流量计:应包括 100 L/min 流量点,相对误差应不超过 ±1%;

c)小流量流量计:应包括 16.67 L/min 流量点,相对误差应不超过 ±1%;

d)温度计:范围(0~50)℃,分度值不大于 0.2 ℃,示值误差不超过 ±0.5 ℃;

e)空盒气压表:范围(87~105)kPa,允许误差 ±200 Pa。

3. 校准方法

a)将流量标准器和被校准仪器于同一环境中静置 2 h,达到稳定状态。

b)在流量标准器的“设置”菜单中,输入当前环境的温度和大气压;被检仪器温度、大气压若为输入值,也需进行输入。

c)在流量标准器和被检仪器入口都悬空的状态下,分别进行校零操作。

d)在滤膜夹中放入一张干净的滤膜,按图 4-1 所示,连接好流量标准器和被检仪器,保证气路密封不漏气。

图 4-1(a)中,流量标准器为崂应 7020Z 型孔口流量校准器,流量测量范围(80~120)L/min,用于校准中流量采样器,如崂应 2030 型中流量智能 TSP 采样器、崂应 2034 型空气重金属采样仪、崂应 2050 型空气/智能 TSP 综合采样器;

图 4-1(b)中,流量标准器为崂应 8040 型智能高精度综合标准仪,中流量测量范围(5~130)L/min,用于校准中流量、小流量采样器,如崂应 2030 型中流量智能 TSP 采样器、崂应 2034 型空气重金属采样仪、崂应 2050 型空气/智能 TSP 综合采样器、崂

应 2030C 型小流量智能颗粒物采样器。

（a）崂应7020 Z型　　　　（b）崂应8040型

（c）崂应7020 D型

1—采样器;2—标准器

图 4 -1　采样器与流量标准器连接图

图 4 -1（c）中,流量标准器为崂应 7020D 型孔口流量校准器,流量测量范围（800 ~ 1200）L/min,用于校准大流量采样器,如崂应 2031 型智能大流量 TSP（PM10）采样器。

e)将流量标准器进入"测量"界面,启动被检仪器开始采样,采样器运行 10min 后（即流量稳定后）,记录流量标准器显示实测流量值,重复测量 10 次。

f)按公式(4 -1)计算流量示值误差,应不超过 ±5%。

$$\delta = \frac{Q_0 - \overline{Q}}{\overline{Q}} \times 100\% \qquad (4-1)$$

式中:Q_0——被检仪器的工作点流量值,L/min;

$\overline{Q}$——流量标准器显示实测流量值的平均值,L/min。

g)若示值误差超过 ±5%,则需进入维护界面（被检仪器重新开机,在显示编号界面长按"C"键,输入密码 1997）,按公式(4 -2)计算新倍率值,并输入仪器中。

$$新倍率 = \frac{\overline{Q}}{Q_0} \times 原倍率 \qquad (4-2)$$

h)按 e)、f)步骤重新验证流量示值误差,直至满足要求。

（二）滤膜预处理

1. TSP、PM10、PM2.5、Pb 采样滤膜预处理[4]

a）每张滤膜均需用 X 光看片机进行检查，不得有针孔或任何缺陷。在选中的滤膜光滑面的两个对角上打印编号。滤膜袋上打印同样编号备用。

b）将滤膜放在恒温恒湿箱（室）中平衡 24 h，平衡温度取（15～30）℃中任一点，湿度控制在（45%～55%）RH 范围内，记录下平衡温度与湿度。

c）在上述平衡条件下对滤膜进行称重，大流量采样器滤膜称量精度到 1 mg，中流量采样器滤膜称量精度到 0.1 mg，小流量采样器滤膜称量精度到 0.01 mg。记录下滤膜采样前初始重量 W_0（g）。

d）称量好的滤膜平展地放在滤膜保存盒中，采样前不得将滤膜弯曲或折叠。

2. 苯并[a]芘（BaP）采样滤膜预处理[6]

滤膜需在 500℃的马弗炉内灼烧半小时，其他同 TSP 采样滤膜预处理。

（三）滤膜及切割器的安装

1. 中流量、小流量滤膜、采样头安装

将处理好的滤膜毛面向外，装入滤膜夹中。根据采集颗粒物种类的不同，按图 4-2 组装采样头，并拧紧。轻轻摇晃采样头，若有部件碰撞的响声，则证明采样头安装有不牢固的地方，需重新进行安装、拧紧。

1—TSP 切割头；2—硅胶平垫；3—PM10 喷嘴体；4—O 型圈；5—捕集板；6—O 型圈；7—PM10 联接环；8—硅胶平垫；9—PM2.5 喷嘴体；10—O 型圈；11—捕集板；12—O 型圈；13—PM2.5 联接环；14—硅胶平垫；15—托网架；16—滤膜；17—托网；18—矩形硅胶垫；19—下锥体

图 4-2　PM2.5/PM10/TSP 采样头安装拆卸示意图

注：

PM2.5/PM10/TSP 采样头安装使用方法：

a）当采样 TSP 时，去掉组件 3～14，其余 7 件组合。

b）当采样 PM10 时，去掉组件 9～14，其余 13 件组合。

c）当采样 PM2.5 时，全部 19 件组合。

零件5、零件11涂抹凡士林的方法：

取下零件5、零件11，用棉纱擦去凹槽中及其周围的集尘，再用乙醇擦拭晾干后用棉纱布卷蘸凡士林进行涂抹，涂抹要薄且均匀，不要涂到过气孔里去。

2. 大流量滤膜、切割器安装

a）TSP采样安装：打开采样器顶盖，松动4个紧固螺钉，取下压板，取出滤膜夹，将处理好的滤膜（毛面朝向"1压框"的方向）装入滤膜夹内，见图4-3。将滤膜夹（滤膜的毛面迎对气流的方向）装入采样器，装上压板，再将4个紧固螺钉扭紧，关闭采样器顶盖。

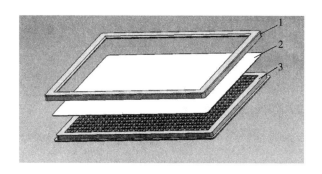

1—压框；2—滤膜；3—托网

注：滤膜的毛面迎对气流的方向，禁止装反。

图4-3　滤膜夹装配示意图

b）PM10采样安装：需松动4个紧固螺钉，取下压板，将装配好的PM10切割器装在滤膜夹上方，将4个紧固螺钉扭紧，关闭采样器顶盖。

切割器装配方法见图4-4。

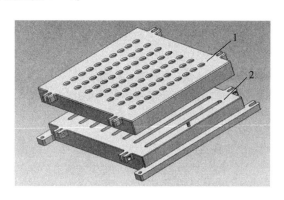

1—PM10切割器孔板；2—PM10切割器冲击板

注：取下PM10切割器冲击板，用棉纱擦去凹槽中及其周围的集尘，再用乙醇擦拭晾干后用棉纱布卷蘸凡士林进行涂抹，涂抹要薄且均匀，不要涂到过气孔里去。

图4-4　PM10切割器安装示意图

c）PM2.5采样安装方法同PM10。将PM10切割器换成PM2.5切割器即可。

（四）仪器状态检查

确认接通220V交流工作电源后，开机，看仪器自检时有无错误提示，检查显示屏、按键、时钟、计温、大气压等是否正常。确认采样器状态正常后，方能进行采样。

六、采样

（一）中流量采样

以崂应2030型中流量智能TSP采样器为例：

a）将采样器按照选定的采样布点，放置在平稳固定的三脚支架上。

b）根据要采集的颗粒物类型，安装采样头，并将预处理过的直径90 mm的已编号滤膜装到洁净的滤膜夹中，滤膜毛面向上。拧紧采样头，使之不漏气。将安装好的采样头拧在采样器上，完整图见图4-5。

图4-5 中流量采样器安装完整图

c）开机检查仪器状态正常后，进入"设置"菜单，显示见图4-6。将光标移动到需要修改的项，按"确定"键，操作▲、▼、◄、►键进行修改，修改完毕后按"确定"键保存修改。其时间设置单位"××h××min"表示小时和分钟。"单次"表示单次采样的时间；"间隔"表示相邻两次采样之间的间隔时间；"次数"表示采样次数。

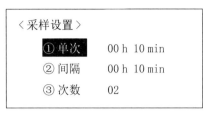

图4-6　采样设置界面

采样模式分"连续采样"和"间隔采样"两种。

①连续采样设置:"单次"采样时间应大于0 min,"间隔"采样时间无须设置,"次数"为1次;

②间隔采样设置:"单次"采样时间应大于0 min,"间隔"采样时间大于0 min,"次数"应大于或等于2次。

注:上述设置参数值会被采样器自动保存,若下次采样模式相同,可直接采用,无需重新设置。

设置完毕后,按"取消"键返回主菜单。

d)进入"校零"菜单,显示见图4-7,采样器自动进行流量校零,以消除电路、压力传感器等产生的漂移误差,保证采样的准确性。

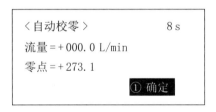

图4-7　开机校零界面

e)进入"采样"菜单,显示见图4-8。设置采样时刻后,在"编号"中输入滤膜的编号,然后选择"启动",开始采样,显示见图4-9。记录采样流量、采样开始时刻、温度、压力等参数。

图4-8　准备采样界面

```
〈粉尘采样〉    ♥ 2-1          〈粉尘采样〉    ♥ 2-2
流量=100.0 L/min             计温=+21.9 ℃
累计=00 h 00 min 10 s        计压=-01.01 kPa
实体=000185.6 L             标体=000174.8 L
```

(a)　　　　　　　　　　　　　(b)

图 4-9　采样界面

f)采样结束后,打开采样头,取下滤膜夹,用镊子轻轻夹住滤膜边缘,取下样品滤膜,并检查在采样过程中滤膜是否有破裂或滤膜上尘的边缘轮廓不清晰的现象。若有,则该样品膜作废,需重新进行采样。确认无上述现象后,将滤膜的采样面向里对折两次,放入与样品膜编号相同的滤膜袋中。将袋面上的采样日期、采样地点、采样人等项目填写完整。

仪器采样结束自动保存采样数据。进入"查询"菜单,见图 4-10,显示的是最后一次采样的数据,包括文件号、采样日期和采样时间。将光标移动到"详细",按"确定"键可以查询到相应文件号的详细采样信息,见图 4-11。连接打印机(选配崂应型 WD 系列微型打印机),光标移动到"打印",按"确定"键打印相应文件号的详细采样信息。也可记录先采样文件编号,后续打印。

```
〈采样查询〉      10号          〈采样查询〉      P1-1
编号   00                     累计 = 00 h 01 min 00 s
2012-2-11          10:18      实体 = 000101.3 L
翻看 详细 打印                  标体 = 000094.1 L
```

图 4-10　采样文件号查询界面　　　　**图 4-11　采样详细查询界面**

(二) 大流量采样

以崂应 2031 型智能大流量 TSP(PM10)采样器为例:

将采样器平稳放置在选定的采样布点上,支架两边的两个螺钉取下,用手扶好控制箱,将采样头翻转回上面,再将螺钉装回固定好。注意:此操作需要两人操作,采样器在翻转过程中要仔细缓慢,注意安全! 采样器在野外长期采样时,底角应采取固定措施,防止被大风刮倒。

将预处理过的 20 cm×25 cm 已编号滤膜装到洁净的滤膜夹中,滤膜毛面向上。根据要采集的颗粒物类型,安装切割器,并将紧固螺钉拧紧,使之不漏气。安装完整见图 4 – 12。

图 4 – 12　大流量采样器安装完整图

其他采样过程参照中流量采样。需注意,在"设置"菜单中,大气压有两种状态,测量状态和输入状态(大气压值前面带"＊"号)。输入状态,需按照当前的环境大气压,手动进行输入。

(三) 小流量采样

以崂应 2030C 型小流量智能颗粒物采样器为例:

选用直径 47 mm 的滤膜进行采样,具体采样过程参照中流量采样。

(四) 重金属采样

当采集样品需要克服较大的阻力时,如重金属、氟化物采样,选用石英滤膜或过氯乙烯滤膜以及乙酸 – 硝酸纤维滤膜。此类滤膜的特点是孔径小、阻力大,一般在(–6 ～ –10) kPa,甚至能达到 –15 kPa。在如此负压情况下,常规的颗粒物采样器已不能满足采样要求,可选用崂应 2034 型空气重金属采样仪(可承载 –20 kPa)。

使用崂应 2034 型空气重金属采样仪采集重金属颗粒物时,为防止采样仪采样过程中主机内排出的杂质干扰采样结果,采样前用户需在主机排气口处插接一个 $\Phi 10$ 过滤器,见图 4 – 13 所示。插接时请注意过滤器上的箭头标注,箭头方向为气流方向。采样完毕后需将过滤器取下。当过滤器变黑时应及时更换。

具体采样过程参照中流量采样。

注意箭头方向

图 4-13 重金属采样器中过滤器安装示意图

七、样品的分析与保存

(一) 样品称重

将采样后的滤膜放在恒温恒湿箱(室)中平衡 24 h,平衡条件同滤膜预处理条件。在平衡条件下,对滤膜进行称重,记录滤膜重量 W_1(g)。滤膜增重,大流量滤膜不小于 100 mg,中流量滤膜不小于 10 mg。同一滤膜在恒温恒湿箱(室)中相同条件下再平衡 1 h 后称重。对于 PM10 和 PM2.5 颗粒物样品滤膜,两次重量之差分别小于 0.4 mg 和 0.04 mg,为满足恒重要求。

(二) 浓度计算

颗粒物浓度按公式(4-3)进行计算,计算结果保留到小数点后第 3 位。

$$\rho = \frac{W_1 - W_0}{V} \times 10^6 \qquad (4-3)$$

式中:ρ——颗粒物浓度,mg/m^3;

W_1——采样后滤膜的重量,g;

W_0——采样前滤膜的重量,g;

V——采样标况体积,L。

(三) 样品保存

滤膜采样后,如不能立即进行样品分析,应在 4℃ 条件下冷藏保存。对分析有机成分的滤膜,采集后应立即用黑纸包好,放入 -20℃ 冷冻箱内保存至样品处理前,为防止有机物的分解,不宜进行称重。

八、质量控制与质量保证[7]

（一）采样仪器管理

应使用经计量检定单位检定合格的采样器,使用前必须经过流量校准,平均流量偏差应不超过±5%,采样时流量应稳定。

（二）采样过程质量控制

a)每次采样前,应对采样系统的气密性进行检查,确认无漏气现象后,方可进行采样。

b)采样前应确认采样滤膜无针孔或任何缺陷,滤膜毛面应向上。采样完成后,检查在采样过程中滤膜是否有破裂或滤膜上尘的边缘轮廓不清晰的现象。若有,则该样品膜作废,需重新进行采样。

c)采样时,采样器的排气应不对颗粒物浓度的测量产生影响。

d)当颗粒物含量很低时,采样时间不能过短。对于感量为1 mg,0.1 mg,0.01 mg的天平,滤膜上颗粒物负载量应分别大于10 mg,1 mg,0.1 mg,以减少称量误差。

e)向采样器中放置和取出滤膜时,应佩戴乙烯基手套等实验室专用手套,使用无锯齿状镊子。

f)采样过程中应配置空白滤膜,空白滤膜应与采样滤膜一起进行恒重、称量,并记录相关数据。空白滤膜应和采样滤膜一起被运送至采样地点,不采样并保持和采样滤膜相同的时间,与采样后的滤膜一起运回实验室,进行称量。空白滤膜前、后两次称量质量之差应远小于采样滤膜上的颗粒物负载量,否则此批次采样数据无效。

g)若采样过程中停电,导致累计采样时间未达到要求,则该样品作废。

h)采样过程中,所有有关样品有效性和代表性的因素,如采样器受干扰或故障、异常气象条件、异常建设活动、火灾或沙尘暴等,均应详细记录,并根据质量控制数据进行审查,判断采样过程有效性。

（三）称量过程质量控制

1. 天平校准质量控制

a)使用干净刷子清理天平的称量室,使用抗静电溶液或丙醇浸湿的一次性实验室抹布清洁天平附近的表层。每次称量前,清洗用于取放标准砝码和滤膜的非金属镊子,确保使用的镊子干燥。

b)称量前应检查天平的基准水平,并根据需要进行调节。为确保稳定性,天平应尽量处于长期通电状态。

c)每次称量前应按照分析天平操作规程校准分析天平。

d)天平校准砝码应保持无锈蚀,砝码需配置两组,一组作为工作标准,另外一组作为基准。

2. 滤膜称量质量控制

a)滤膜应有编号,且必须保持唯一性和可追溯性。

b)称量前应首先打开天平屏蔽门,至少保持 1 min,使天平称量室内温湿度与外界达到平衡。

c)称量时应消除静电影响并尽量缩短操作时间。

d)称量过程中应同时称量标准滤膜进行称量环境条件的质量控制。

①标准滤膜制作:用镊子夹取空白滤膜若干张,在恒温恒湿箱(室)中平衡24 h后称量;每张滤膜非连续称量10次以上,计算每张滤膜称量结果的平均值作为该张滤膜的原始质量。标准滤膜的10次称量应在30 min内完成。

②标准滤膜的使用:每批次称量采样滤膜同时,应称量至少一张"标准滤膜"。若标准滤膜的称量结果在原始质量 ±5 mg(大流量采样)或 ±0.5 mg(中流量和小流量采样)范围内,则该批次滤膜称量合格。否则,应检查称量环境条件是否符合要求并重新称量该批次滤膜。

e)为避免空气中的颗粒物影响滤膜称量,滤膜不应放置在空调管道、打印机或者经常开闭的门道等气流通道上进行平衡调节。每天应清洁工作台和称量区域,并在门道至天平室入口安装粘性地板垫,称量人员应穿戴洁净的实验服进入称量区域。

f)采样前后,滤膜称量应使用同一台天平。操作天平应佩戴无粉末、抗静电、无硝酸盐、磷酸盐、硫酸盐的乙烯基手套。

第三节　仪器使用常见问题及解决方法

颗粒物采样过程中可能遇到各种问题和故障,现将几种常见问题及解决方法列于表4-4中,以供参考。若遇到其他问题,可联系返厂维修。

表4－4　颗粒物采样常见问题及解决方法

问题/故障现象	可能原因	解决方法
开始启动采样后,屏幕刚刚进入采样界面,采样泵也轻微转动一下,屏幕就退回到主界面,与此同时采样泵也停止工作	在采样设置中,误将采样时间设定成了00:00	输入正确的采样时间
启动采样后,采样泵能够正常工作,但很快就听到泵运转的声音越来越响,没多久采样泵就停止工作	进气口堵塞,计压过高	1)检查采样头中的切割板是否放反。 2)检查采样头中的滤膜是否因安装不当造成褶皱、破损,甚至碎片被抽到主机上方的防护网上。 3)检查使用滤膜种类是否合适,检查是否误装了两张滤膜
PM10与PM2.5同地点、同时采样后,获得的PM2.5样品重量比PM10样品的重量要大	1)采集PM10和PM2.5的两台仪器的标准流量值不一致。 2)PM10采样器在采样过程中有停机的阶段	1)用流量标准器校准两台仪器的流量,流量超差的采样器测得的数据作废。 2)采样过程中有不正常停机的采样数据作废
采样后的滤膜重量比采样前的还要小	采样后的滤膜有破损或碎渣	采样过程滤膜破损的样品作废
启动采样后,显示流量不停的上下波动,始终无法稳定在设定流量上	1)采样前未执行流量校零。 2)两台正在工作的颗粒物采样器同时接在一个供电排上,或者周边有高功率设备与采样仪器公用同一电源。 3)计压过低	1)采样前一定先校零。 2)两台正在工作的颗粒物采样器用不同的插排供电,不与高功率设备共用同一电源。 3)检查滤膜夹内是否未安装滤膜
仪器能够正常采样,但当操作仪器的时候会出现仪器自动停机,然后重新启动现象	1)静电击穿造成仪器自动保护重启。 2)如果静电过大,在收集样品时也会对滤膜上的样品造成吸附,导致重量损失	操作者在操作仪器前先用钥匙等金属物件,将身上的静电释放至大地,并佩戴防静电手套进行仪器操作

第四节　仪器的检定

大流量、中流量总悬浮颗粒物采样器的检定按照 JJG 943—2011《总悬浮颗粒物采样器》执行,小流量总悬浮颗粒物采样器的检定也可参照执行。

一、环境条件

a)环境温度:(10～35)℃;

b)环境湿度:不大于85% RH;

c)电源电压:交流电压(220±22)V。

二、检定用设备

a)大流量孔口流量计:应包括 1050 L/min 流量点,相对误差应不超过 ±1%;

b)中流量孔口流量计:应包括 100 L/min 流量点,相对误差应不超过 ±1%;

c)小流量流量计:应包括 16.67 L/min 流量点,相对误差应不超过 ±1%;

d)温度计:范围(0～50)℃,分度值不大于0.2 ℃,示值误差不超过 ±0.5 ℃;

e)空盒气压表:范围(87～105) kPa,允许误差 ±200 Pa;

f)秒表:分辨力不大于0.1 s,示值误差24 h优于1 s;

g)游标卡尺:示值误差不超过 ±0.02 mm;

h)压力计:范围(0～10) kPa,2.5 级;

i)绝缘电阻表:10 级(500 V);

j)耐压采样器:≥1.5 kV,5 级。

三、检定项目

检定项目如表4-5所示。

表4-5　检定项目

检定项目	首次检定	后续检定	使用中检查
流量示值误差	+	+	+
流量重复性	+	+	+
流量稳定性	+	-	-
计时误差	+	+	-

续表

检定项目	首次检定	后续检定	使用中检查
温度示值误差	+	+	-
大气压示值误差	+	+	-
进气口尺寸偏差	+	+	-
负载能力	+	+	-
外观	+	+	+
绝缘电阻	+	+	-
绝缘强度	+	-	-

注:1)凡需检定的项目用"+"表示,不需要检定的项目用"-"表示。

2)经安装及修理后的计量器具,其检定原则上须按照首次检定进行。

四、检定方法

(一) 外观检查

通过目测观察和手动调节,确认:

a)仪器外观无影响采样器正常工作的损伤。主机外壳周围均匀对称分布,滤膜托网平整。

b)仪器结构完整,连接可靠,各旋钮能正常调节。

c)显示部分应显示完整清晰。

d)仪器明显位置有铭牌,仪器名称、型号、制造年月、编号及制造厂名称齐全、清晰,国产仪器具备制造计量器具许可证标志和编号。

(二) 绝缘电阻的检定

在仪器电源未接通的状态,开关置于"开"的位置。将绝缘电阻表的接线端分别连接到仪器电源插头相线、中线的连线(即将仪器上与国标电源线连接端标有 L、N 字样的端头相对应的金属触点进行短接)与机壳上的任意金属件上(即用户实际使用过程中任何可能触碰到的导电部分)。连接完成后,在保证无人员接触到整个连接线路金属部分的前提下,以 120 r/min 的速度匀速摇动绝缘电阻表的发电机手柄,施加 500 V 直流试验电压,稳定 5 s 后,读取绝缘电阻表的绝缘电阻值,应大于 20 MΩ。

(三) 绝缘强度的检定

仪器处于非工作状态,开关置于接通位置,用耐压采样器在电源相线、中线的连线

（用金属线将相线、中线短接）与地线端加试验电压，设置试验电压为频率 50 Hz 的基本正弦波交流电压，泄露电流最大不超过 5 mA。试验时，电压的起始值应不大于规定值的 50%（即 750 V），然后逐渐升到 1.5 kV，保持 1 min 后平稳下降到零，不应出现飞弧和击穿现象。

（四）进气口尺寸偏差的检定

a）用游标卡尺测量总悬浮颗粒物采样器采样进气口的尺寸 L_i。大流量颗粒物采样器采样进气口检测点见图 4 - 14 中第 1~8 检测点，中、小流量颗粒物采样器采样进气口检测点见图 4 - 15 中第 1~4 检测点。

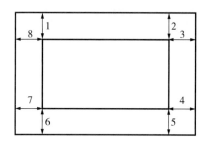

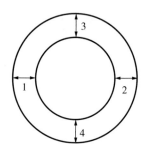

图 4 - 14　大流量颗粒物采样器
采样口示意图

图 4 - 15　中、小流量颗粒物采样器
采样口示意图

b）按公式（4 - 4）计算进气口尺寸偏差 ΔL_i，取最大偏差为检定结果，应不超过 $\pm 2.0\%$。

$$\Delta L_i = \frac{L_i - L_s}{L_s} \times 100\% \qquad (4-4)$$

式中：L_i——颗粒物采样器采样口第 i 点的实测尺寸，mm；

　　L_s——颗粒物采样器采样口的设计尺寸，mm。

一般，大流量颗粒物采样器进气口设计尺寸 L_s 要求 40 mm，中流量颗粒物采样器进气口设计尺寸要求 14 mm，小流量颗粒物采样器进气口设计尺寸要求 4.75 mm。

（五）计时误差的检定

a）将采样器的单次采样时间设置为 20 min，次数设置为 1 次，见图 4 - 6。同时启动秒表和采样器。待采样器达到设定的采样时间，自动停止采样的同时停止秒表计时，此时秒表上显示的时间记为 t。

b）按公式（4 - 5）计算计时误差 Δt，应不超过 ± 1 s。

$$\Delta t = t_0 - t \qquad (4-5)$$

式中:t_0——采样器的采样设定时间,$t_0 = 20$ min $= 1200$ s;

t——秒表计时时间,s。

（六）温度示值误差的检定

a)将关机状态的颗粒物采样器与标准温度计置于同一环境中放置至少 1 h,开启采样器电源立即启动采样,分别记录采样过程中计温初始显示值 T,与标准温度计显示的环境温度值。

b)按公式(4-6)计算温度示值误差 ΔT,应不超过 ± 1.0 ℃。

$$\Delta T = T - T_s \tag{4-6}$$

式中:T——采样器的计温初始显示值,℃;

T_s——标准温度计的温度显示值,℃。

注意:采样器开机后,仪器运行发热,会导致计温逐渐升高,因此温度示值误差务必在刚开机时进行检定。

（七）大气压示值误差的检定

a)颗粒物采样器与标准气压表置于同一环境中放置至少 1 h,分别记录采样器主界面下方交替显示的大气压测量值,与标准气压表显示的环境大气压值。

b)按公式(4-7)计算大气压示值误差 Δp,应不超过 ± 500 Pa。

$$\Delta p = p - p_s \tag{4-7}$$

式中:p——采样器的大气压显示值,℃;

p_s——标准气压表的大气压显示值,℃。

（八）流量示值误差的检定

大流量颗粒物采样器的工作点为 1.05 m³/min,中流量颗粒物采样器的工作点为 100 L/min,小流量颗粒物采样器的工作点为 16.67 L/min,特殊设计的颗粒物采样器的工作点为抽气速度(0.3 m/s)乘以采样口截面积。

流量示值误差的检定按照本章第二节第五部分中的流量校准方法 a)~f)执行。流量示值误差应不超过 $\pm 5\%$。

（九）流量重复性的检定

依据流量示值误差的检定中记录的 10 个流量值,按公式(4-8)计算流量重复性 S_{rel},应不大于 2%。

$$S_{\text{rel}} = \frac{\sqrt{\dfrac{1}{n-1}\sum_{i=1}^{n}(Q_i - \overline{Q})^2}}{\overline{Q}} \times 100\% \ (n=10) \tag{4-8}$$

式中：Q_i——颗粒物采样器采样流量的实际测量值，L/min；

$\overline{Q}$——颗粒物采样器采样流量的 10 次实际测量值的平均值，L/min。

（十）流量稳定性的检定

依据流量示值误差的检定的步骤，每隔 2 h 读取一个数据，连续测试 6 h，共记录 4 个测量值，取最大值和最小值，按公式(4-9)计算流量稳定性，应不大于 5%。

$$W = \frac{Q_{\max} - Q_{\min}}{Q_0} \times 100\% \tag{4-9}$$

式中：$Q_{\max}$——颗粒物采样器采样流量的最大测量值，L/min；

$Q_{\min}$——颗粒物采样器采样流量的最小测量值，L/min；

Q_0——颗粒物采样器的工作点流量值，L/min。

（十一）负载能力的检定

a) 按图 4-16 所示连接管路，负载阻力调节装置至于 0 位。依据流量示值误差的检定的步骤，读取采样器的采样流量测量值，作为增加负载前的采样流量测量值。

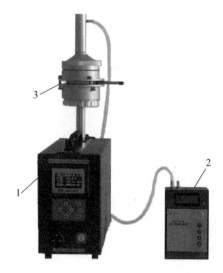

1—采样器；2—流量标准器；3—负载阻力调节装置

图 4-16　负载能力检定连接图

b) 缓慢转动负载阻力调节装置的调节杆，在采样器的采样入口逐渐增加 4 kPa ~ 6 kPa 的负载。10 min 后读取加负载后的采样流量测量值。

c)按公式(4-10)计算流量变化量 B 即为负载能力,应不大于 5% 。

$$B = \frac{Q_前 - Q_后}{Q_0} \times 100\% \qquad (4-10)$$

式中:$Q_前$——增加负载前颗粒物采样器采样流量测量值,L/min;

　　$Q_后$——增加负载后颗粒物采样器采样流量测量值,L/min;

　　Q_0——颗粒物采样器的工作点流量值,L/min。

五、检定结果处理

经检定合格的总悬浮颗粒物采样器,发给检定证书;检定不合格的总悬浮颗粒物采样器,发给检定结果通知书,并注明不合格项目。

六、检定周期

总悬浮颗粒物采样器的检定周期一般不超过 1 年。

参考文献

[1] 魏复盛. 空气和废气监测分析方法指南[M]. 北京:中国环境出版社,2006:63-64.

[2] 丁倩. PM2.5 监测方法(重量法、微量振荡天平法和 β 射线法)的原理介绍[EB/OL].[2014-12-15] http://info.gongchang.com/t/jixie-852130.html.

[3] GB 3095—2012　环境空气质量标准.

[4] GB/T 15432—1995　环境空气总悬浮颗粒物的测定重量法.

[5] HJ 618—2011　环境空气 PM10 和 PM2.5 的测定重量法.

[6] GB/T 15439—1995　环境空气苯并[a]芘测定高效液相色谱法.

[7] HJ 656—2013　环境空气颗粒物(PM2.5)手工监测方法(重量法)技术规范.

第五章 油气回收系统检测仪系列

第一节 油气回收装置发展历程

从 20 世纪 40 年代开始,美国各个石油公司、科研机构和环保部门等已着手研究具体的油品蒸发损耗问题,并采取了很多方法来降低油品的蒸发损耗。美国石油学会(API)于 1953 年组成了蒸发损耗检测委员会,对蒸发损耗进行进一步的研究,并从 1957 年开始陆续对外通报研究结果,期间发生的洛杉矶光化学烟雾事件使美国更加重视环境问题。20 世纪 60 年代起,美国研究开发和推广应用油气回收技术,并制定了各种严格苛刻的环境质量标准和法规,进一步推动了油气回收技术的发展。目前,美国在油品蒸发损耗方面的研究处于总体领先的水平[1]。

日本对于油品蒸发损耗的问题也十分重视,自 1970 年在东京及其周围出现光化学烟雾中毒事件后,日本化学会(CSJ)成立碳氢化合物小委员会,集中对油品蒸发损耗及对大气污染等相关领域进行研究,并开发了很多油气回收装置。目前日本所有的原油、石脑油和汽油都储存在外、内浮顶罐中,甚至有些石脑油还储存在球罐等耐压罐内,日本在油品装卸(收发)的各种场合都安装了油气回收装置。

前苏联在油气回收领域的研究也保持着领先的地位。从 20 世纪 40 年代起,前苏联的高校、研究机构和企业对蒸发损耗机理进行深入的研究,主要代表人物有瓦廖夫斯基、契尔尼金。德国、丹麦、瑞典、加拿大、以色列、澳大利亚、新加坡等国家也都对油品蒸发损耗及油气回收进行了深入的研究,并将研究成果应用于实际,开发了很多专用的油气回收装置。

1976 年,美国 HinerTW 等利用低温冷凝原理,成功地建立起了冷凝法油气回收系统,并申请了国家专利。随后,EdwardRc 等进一步研究冷凝法油气回收系统,逐步完善、优化了冷凝法油气回收技术的理论,取得了众多的冷凝法油气回收技术专利。20 世纪 80 年代后,随着膜法油气回收技术的成熟,澳大利亚 OhlroggeK 等提出了冷凝法与膜法组合的油气回收工艺。这种方法实现了不同回收工艺的有机结合,为油气回收技术的发展开辟了一条新的途径。20 世纪 90 年代,计算机模拟软件快速发展,加拿大过程模拟(Hyprotech)公司研发的 HYSYS 软件,可以比较准确地模拟系统流程并计算混合物各组分物性,以此,可以通过动态模拟,比较不同回收装置的回收效果和经济性,为实际应用提供理论指导。

目前,美国、欧洲等国的油漆回收行业已经很成熟了,在炼厂、油库、加油站、油码头等油蒸气排放量比较大的地方都安装有油气回收装置,油气排放的浓度都限制在很低的标准,油气损失的量很小。同时也在积极地开展油气回收效果评价研究,并制定了完整的法律和制度来管理油气回收的执行,还有完善的油气回收效果评价方法。油气回收工艺及装置比较成熟的公司主要有:美国 EdwardsEngineering 公司的直接冷凝法油气回收工艺;日本丸善(Maruzen)公司的吸收法(SOVUR)油气回收工艺;美国乔丹技术(Jordan Technologies)、SYMEX 等公司的吸附法油气回收工艺;德国 GKSS 研究所和 BORSIG 公司合作开发的膜法油气回收工艺。

我国油气回收行业的起步比较晚。20 世纪 70 年代,国内科研机构和企业开始研究油气回收技术和装置。最早有中国石化北京设计院在东方红炼厂建立的工业实验装置,中国石化抚顺石化研究院在抚顺炼厂三厂开展油气回收与降耗的研究。20 世纪 80 年代初,上海石油公司科技部和江苏石油化工学院合作开发了新吸收法油气回收技术和专用吸收剂。中国石化洛阳设计院与长岭炼厂合作建成了吸收法油气回收装置。中国石化销售公司从国外引进了冷凝法、吸收法、吸附法油气回收装置各 1 套,分别在天津、上海、太原的油库使用。1998 年,关东泰登公司引进国外加油站一级、二级油气回收装置。2000 年 8 月,原环保总局、上海环科院、中国石化、中国石油、加油设备生产企业等单位参加了油气回收专题学术报告会,大力宣传油气回收。

2003 年,中国石化抚顺石油研究院研制开发了冷凝温度为 3℃,35℃,－75℃的三级冷凝油气回收装置,并于 2006 年将第三级冷凝温度改造为－120℃。2004 年,青岛高科石油天然气新技术研究所与青岛德胜公司联合开发了第 1 台国产化处理能力为 $300m^3/h$ 的冷凝式油气回收装置。2005 年 10 月青岛安全工程研究所和中国石化工程建设公司(SEI)及北京石油分公司在北京沙河油库完成吸附法油气回收装置,江苏工业学院与九江石化公司及洛阳石化设计院完成的吸收法油气回收装置通过了中国石化科技部的鉴定。2006 年以来,大连地区依托中国科学院膜科学研究所的技术力量成立了几家公司,开发膜技术油气回收装置,并在大连石化、哈尔滨石化做了膜工艺的油气回收装置。国内也出现了一些从事油气回收的企业,例如武汉楚冠、北京金凯威、长沙明天、浙江佳力公司等,他们也都投入人力、物力进行油气回收技术的研究。

2007 年是我国油气回收行业迅速发展的一年,国家相关部门陆续公布了多个标准和规范,如《储油库大气污染物排放标准》《汽油运输大气污染物排放标准》《加油站大气污染物排放标准》《成品油批发企业管理技术规范》《成品油仓储企业管理技术规范》《油气回收系统工程技术导则》《环境影响评价技术导则》《油库、加油站大气污染治理项目验收检测技术规范》等,非常有利于推动我国油气回收行业的发展、推动油气回收产品的需求。

现在,我国油气回收技术有了一定的发展,也有了一些比较成熟的油气回收产品,但是同国外相比,我国油气回收的研究与国外还有很大的差距。国外成熟的油气回收工艺种类比较多,但是国内油气回收工艺比较单一;国产油气回收装置主要以冷凝法和吸收法为主,油气排放的浓度也比较高;由于受到自动化、膜技术等技术的限制,国内对于新工艺的研究比较少,与国外差距较大。

第二节　国内油气回收装置现状

汽油是非常容易挥发的有机物质,在储存、运输和销售过程中会排放出大量挥发性有机气体(VOCs),组分复杂且有毒有害,排放稀释后的油气浓度,也很容易达到爆炸极限范围。形成臭氧污染的大气化学反应十分复杂,但 VOCs 和 NO_x 是主要前体物,而 VOCs 又是制约因素,控制 VOCs 可以有效降低臭氧污染。从图 5-1 可以看出,在汽油的整个生命周期中存在多处油气排放源,造成环境污染和资源浪费。基于上述种种原因,国家已经明确要在储油库、运输车、加油站等设施安装油气回收装置,并且要求每年必须强行检测一次油气回收装置。

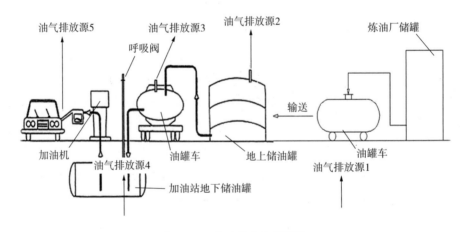

图 5-1　汽油的生命周期图

2000 年 4 月 29 日,《中华人民共和国大气污染防治法》[2]第五章第四十二条提到"运输、装卸、贮存能够散发有毒有害气体或者粉尘物质的,必须采取密闭措施或者其他防护措施"。

2007 年 06 月 22 日,国家环境保护部(原国家环境保护总局),发布 GB 20950—

2007《储油库大气污染物排放标准》[3]、GB 20951—2007《汽油运输大气污染物排放标准》[4]和 GB 20952—2007《加油站大气污染物排放标准》[5]三项标准,根据地区不同要求在不同的时间内对加油站内、储油库和汽油运输大气污染物达标排放。

2008 年 04 月 15 日,环保部发布 HJ/T 431—2008《储油库、加油站大气污染治理项目验收检测技术规范》[6],规定对加油站、储油库大气污染治理项目环境保护验收检测的有关要求和规范。

2009 年 01 月 12 日,广东省环境保护局、广东省经济贸易委员会、广东省交通厅、广东省安全生产监督管理局、广东省质量技术监督局和广东省公安厅消防局联合发布《广东省油气回收综合治理工作方案》(粤环〔2009〕3 号)(以下简称"方案"),要求全省所有油库、油罐车、加油站在规定的时间内完成油气排放污染治理,治理后须满足 GB 20950—2007、GB 20951—2007 和 GB 20952—2007 三项标准的要求,确保稳定达标排放。"方案"要求珠三角地区于 2010 年 01 月 01 日完成治理,2010 年底完成验收,其他地区于 2012 年 01 月 01 日完成治理,2012 年底完成验收。

2011 年 12 月 15 日,国家环境保护"十二五"规划第四条(二)中提到"加强挥发性有机污染物和有毒废气控制。加强石化行业生产、输送和存储过程挥发性有机污染物排放控制。鼓励使用水性、低毒或低挥发性的有机溶剂,推进精细化工行业有机废气污染治理,加强有机废气回收利用。实施加油站、油库和油罐车的油气回收综合治理工程。开展挥发性有机污染物和有毒废气监测,完善重点行业污染物排放标准。严格污染源监管,减少含汞、铅和二噁英等有毒有害废气排放。"

2013 年 9 月 10 日《大气污染防治行动计划》第一条提到"推进挥发性有机物污染治理。在石化、有机化工、表面涂装、包装印刷等行业实施挥发性有机物综合整治,在石化行业开展'泄漏检测与修复'技术改造。限时完成加油站、储油库、油罐车的油气回收治理,在原油成品油码头积极开展油气回收治理。完善涂料、胶粘剂等产品挥发性有机物限值标准,推广使用水性涂料,鼓励生产、销售和使用低毒、低挥发性有机溶剂"。

汽油等轻质油品在装车等过程中会产生大量的油气蒸气。GB 11085—1989《散装液态石油产品损耗》规定,汽油通过铁路罐车、汽车罐车和油轮装车(船)的损耗率分别不得大于 $1.7‰$,$1.0‰$ 和 $0.7‰$。这意味着 $1 m^3$ 汽油通过铁路罐车、汽车罐车和油轮装车时,分别损失 1.7L,1.0L 和 0.7L 都是符合国家规定的。根据大庆石化分公司的统计,如果没有油气回收系统,给汽油一次火车装车的油品损失约占装车总量的 $1.49‰$ 左右。据彭国庆介绍,装车过程中汽油的平均挥发量为装车量的 $1.3‰$。另据中国石油和中国石化两大石油公司的公司年报,2004 年中国石油和中国石化汽油生产量分别为 2386.6 万吨及 2358 万吨,合计 4744.6 万吨。按损失率 $1.3‰$ 计算,如果不采取任何油气回收措施,2004 年两大石油公司仅汽油一次装车就挥发损耗掉 6.16798 万吨汽油。实际上汽油从炼油厂生产出来到最终的用户手中,一般要经过 4 次装卸[7]。

油品的蒸发不但造成油品损耗、资源浪费、质量下降,而且由于大量油气排入大气,严重污染环境,同时也产生了严重的安全隐患。另外,油气主要成分为丁烷、戊烷、苯、二甲苯、乙基苯等,多属致癌物质,蒸发的油气对装卸车操作人员的身体危害非常严重。油气被紫外线照射以后,会与空气中其他气体发生一系列光化学反应,形成毒性更大的污染物。

防止汽油蒸发损耗以及控制其对环境污染的方法可分为四种:一是加强管理,完善制度,改进操作措施;二是抑制油品蒸气排放,如内浮顶罐的大量推广应用;三是焚烧排放气;四是集气回收排放气。显然第二种方法对大量的车船装卸作业及固定顶罐收发作业很难有所作为,而第三点是不经济的。可见在当今油品收发作业(车、船、罐等)日益频繁及能源日益紧张的情况下,在加强管理的同时,开展油气回收工作非常必要。

为落实国家节能减排政策,各省市纷纷出台有关加油站油气回收治理工作实施方案,并出台一系列相关文件,指出要将油气回收检测作为今后环保工作的重中之重。

目前全国加油站全面采用油气回收系统达到排放标准的时间点已经接近,但国内能够对油气回收系统的液阻、密闭性、气液比等主要参数按照国标进行检测,确保其质量及安全性的仪器产品却是寥寥无几。迫切需要帮助开展对油气回收改造完成单位的监督检测,使各大加油站油气回收检测承检单位严格按照国家标准、规范检测手段和作业流程等,出具相应的检测报告,为环保部门牵头组织的环保验收提供具有法律效力的技术证明文件。

第三节　现场检测技术

油气回收装置主要应用于储油库、油罐车和加油站,在 GB 20950—2007《储油库大气污染物排放标准》、GB 20951—2007《汽油运输大气污染物排放标准》和 GB 20952—2007《加油站大气污染物排放标准》中,详细规定了上述三种类型的油气回收装置的检测技术。

一、安全事项及预防、处置措施

(一)检测仪器技术性能应满足的安全条件

a)加油站是爆炸危险场所,检测设备须符合防爆安全等级要求。

b)检测仪器使用前要进行试调保养,技术性能应满足试验要求。仪器设备使用说明书和检定证书要齐全,检定证书要在有效期之内。

c)在爆炸危险场所调试和维修设备应使用防爆工具。可能产生撞击火花的工具、非防爆的移动型、携带式仪表、照明灯具、通讯设备等不得在爆炸危险场所使用。必须使用时,应经过通风并检测油气浓度,确认油气浓度在爆炸下限的4%以下时,方可使用。

（二）检测人员进入检测现场前须做到的安全措施

a)检测工作人员必须参加安全培训,经考核合格后方能参加检测工作。

b)检测人员要熟知防火防爆常识,会熟练使用消防器材。

c)要制定防爆预案,明确分工职责并进行演练。

d)设置安全监督员制度,在检测作业和设备安装调试过程中,安全员必须全程监督。

e)监督人员须穿着防静电工作服和防静电工作鞋。防静电工作服、工作鞋应符合 GB 12014 标准和 GB 21146 标准的要求。

f)火柴、打火机交由安全员统一保管,严禁将火种带入检测现场。

g)关闭手机,不得在检测现场接听电话。

（三）进入检测现场后必须做到的安全措施

a)拉好警戒线,禁止无关人员入内。

b)手握接地体,导除身体静电。

c)干粉灭火器、石棉被等消防器材配备到位。

d)接好检测设备接地线,接地线插入土壤深度应符合规定,严禁搭接带电设备。

e)氮气瓶要由资质人员和专用设备搬运;要轻搬轻放仪器设备并检查放置牢固程度,防止倾倒。

f)设备严禁洒落渗透油料。检测人员进入现场后,一看有无零星油料洒落,二嗅有无较大浓油气味。如现场有洒落油料或较大浓油气味,需用测爆仪检测油气浓度。

g)检测现场油气浓度达到爆炸下限4%或检测现场防爆警报器鸣响时,须立即停止作业,迅速上报,查明原因,消除隐患,待检查确定隐患排除后方可作业。

h)在检测作业时,检测人员应严格按照操作规程和设备仪器使用说明书进行操作,如发现异常,应立即停止检测作业,及时组织相关技术人员进行检查维修并校准。

i)在爆炸危险场所禁止带电检修电器设备和线路,禁止约时送电、停电,并应在断电处挂上"正在检修,禁止合闸"警示牌。

j)雷雨天须停止检测作业,防止雷击。

k)工作人员在检测现场严禁穿脱和拍打衣服,不得梳头和追逐打闹。

l)严禁用汽油等易燃液体清洗设备、器具、地坪和衣服,严禁用化纤塑料、丝绸材质制成的抹布擦拭设备和器具。

m)作业完毕要及时清理现场,及时保养维护检测设备,使之保持良好技术状态。

(四)在检测工作中事故预防工作

a)现场检测小组负责人全面负责检测现场的安全工作,同时负责组织对检测人员的安全教育、考核和演练;督导全体人员贯彻落实安全措施;督导安全员认真履责、严格制度,保证加油站环保检测安全顺利。

b)现场检测小组进入加油站,即进入了爆炸危险场所,全体检测人员要高度警惕,从思想上鸣响防火防爆警钟,严格遵守各项规章制度,一丝不苟落实安全措施。

c)安全监督员要以高度负责的精神,对检测现场安全环境和检测全过程实施严格监督,发现影响安全的任何因素都必须采取果断措施予以制止和纠正。

(五)在事故情况下的处置措施

a)任何安全措施都不能绝对保证不发生事故,一旦发生燃烧爆炸,检测负责人自然成为现场灭火指挥员,指挥检测人员安全救护和科学灭火,并积极协调加油站开展抢险救灾。

b)发生较小明火时,离其最近人员迅速取石棉被覆盖或用干粉灭火器从上风处横扫喷射。

c)突发燃烧爆炸,全体检测人员要沉着应对,坚决服从现场指挥员指挥,积极做好自我救护和相互救护,利用现场一切条件和手段实施灭火,防止火灾蔓延。力争事故损失降到最低限度。

d)立即切断通向事故现场的一切电源。

e)迅速关闭通向该场所的油料阀门和开关。

f)立即向119和120、110报警。清楚说明事故加油站位置和火灾性质。

g)消防队到达现场,检测人员服从消防队指挥,积极协助120救护伤员、协助110控制现场,设立警戒线,禁止无关人员和一切车辆进入危险区域,协助有关部门疏散居民,防止和减少居民伤亡。

h)进入火场必须戴防毒面具,无防毒面具可弄湿衣服替代。无过滤面罩可用湿毛巾罩住鼻嘴,防止中毒。

i)及时检测因火灾事故所造成的环境污染数据,及时报告上级并提出处理意见和应采取措施。

j)调查事故原因,总结经验教训,对全体检测人员进行事故教育。

二、储油库检测技术

(一)储油库油气密闭收集系统泄漏浓度检测方法

1. 检测设备

储油库油气密闭收集系统泄漏浓度检测设备如表 5-1。

表 5-1　储油库油气密闭收集系统泄漏浓度检测设备

检测设备	技　术　要　求
烃类气体探测器	检测分辨率体积分数不低于 0.01%,应经过中国质量、安全和环保等部门认证
探测管	烃类气体探测器应备有长度不小于 200 mm 的探测管
风速计	测量范围(0~10) m/s,检测分辨率不低于 0.1 m/s

2. 检测方法

储油库油气密闭收集系统泄漏浓度检测应在发油相对集中时段且环境风速小于 3 m/s 气象条件下进行。使用烃类气体探测器对油气收集系统可能的泄漏点进行检测,探头距泄漏点(面)25 mm,移动速度 4 cm/s。处理装置油气排放限值如表 5-2。如果发现超过限值的泄漏点(面),应再检测 2 次,以 3 次平均值作为检测结果。

表 5-2　处理装置油气排放限值

油气排放浓度/(g/m³)	≤25
油气处理效率	≥95%

储油库油气密闭收集系统任何泄漏点排放的油气体积分数浓度不应超过 0.05%,每年至少检测 1 次。

(二)储油库处理装置油气排放检测方法

1. 检测设备

储油库处理装置油气排放检测设备如表 5-3。

表 5 - 3　储油库处理装置油气排放检测设备

检测设备	技 术 要 求
采样接头	应备有与储油库处理装置进、出口采样孔连接的通用采样接头,采样接头与采样孔的连接方式可根据不同的采样方法自行设计,但采样接头上置入采样孔管内的采样管长度不小于 35 mm,样品途经采样管和其他部件进入收集器的距离不宜超过 300 mm,采样管内径均为 5 mm。建议进口采样接头上连接一个节流阀。采样接头宜选用铜、铝或其他不发生火花、静电的材料。
针筒采样接头	推荐:1)进口采样接头为一法兰盖板,尺寸与采样孔法兰一致。在法兰盖板中心位置穿过法兰盖板密封焊接一段采样管,置入采样孔管的采样管长度 35 mm,另一侧长度 20 mm 并连接节流阀,节流阀另一侧可再连接长度 20 mm 的采样管。采样管内径均为 5 mm。2)出口采样接头除不连接节流阀和与之连接的另一侧采样管外,与进口采样接头完全相同。采样接头宜选用铜、铝或其他不发生火花、静电的材料。

2. 检测条件

储油库处理装置进、出口应设置采样位置和操作平台。采样孔和操作平台的安装应与油气回收处理工程同时完成和验收。

3. 检测方法

a)储油库处理装置排放浓度和处理效率的检测应在环境温度不低于 20 ℃、发油相对集中的时段进行。

b)同步检测储油库处理装置进、出口油气浓度,每台处理装置都应进行检测。采样时间不少于 1 h,可连续采样或等时间间隔采样,等时间间隔采集的样品数不少于 3 个,取平均值作为检测结果。

c)采样方面的其他要求按 GB/T 16157—1996《固定污染源排气中颗粒物测定与气态污染物采样方法》执行。

d)样品分析方法按 HJ/T 38—1999《固定污染源排气中非甲烷总烃的测定　气相色谱法》执行。

e)处理装置处理效率按公式(5 - 1)计算。

$$E = \left[1 - \frac{(1-\varphi_1)C_2}{(1-\varphi_2)C_1} \right] \times 100\% \qquad (5-1)$$

式中:E——处理装置处理效率,%;

C_1——标态下进口干排气中油气质量浓度,g/m³;

φ_1——标态下进口干排气中油气体积分数;

C_2——标态下出口干排气中油气质量浓度,g/m³;

φ_2——标态下出口干排气中油气体积分数。

干排气中油气体积分数 φ 按公式(5-2)计算。

$$\varphi = \frac{22.4C}{1000M} \tag{5-2}$$

式中:φ——标态下干排气中油气体积分数;

$\quad C$——标态下干排气中油气质量浓度,g/m^3;

22.4——标态下摩尔数和体积量的转换系数,L/mol;

$\quad M$——干排气中油气的平均分子量,进口取65,出口取45。

标态下干排气中油气浓度 C 按公式(5-3)计算。

$$C = C_{样} \frac{273+t_f}{273} \cdot \frac{101300}{B_a - P_{fv}} \tag{5-3}$$

式中:$C_{样}$——样品中油气质量浓度(以碳计),g/m^3;

$\quad t_f$——室温,℃;

$\quad B_a$——大气压力,Pa;

$\quad P_{fv}$——在 t_f 时饱和水蒸气压力,Pa。

在测量了处理装置进出口气体温度、压力和水分含量后,也可根据流量计给出的流量按 GB/T 16157—1996《固定污染源排气中颗粒物测定与气态污染物采样方法》中规定的方法计算处理效率。

三、油罐汽车油气回收系统密闭性检测方法

采用油气回收系统的油罐车卸油时,将加油站储罐暂时储存的油气在卸油时置换到油罐汽车储罐内,完成油气置换。见图5-2。

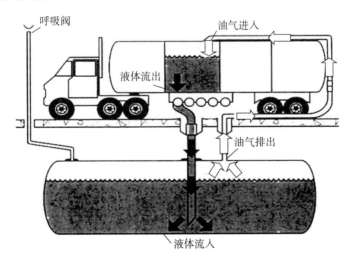

图 5-2 采用油气回收系统的油罐车卸油时的油气回收过程

油罐汽车油气回收系统密闭性检测时,将油罐汽车停靠在一个不受阳光直接照射的位置接受检测,罐内不能存有残油。

(一)检测设备

油罐汽车油气回收系统密闭性检测设备如表 5 - 4。

表 5 - 4　油罐汽车油气回收系统密闭性检测设备

检测设备	设备要求
惰性气体加压系统	能向罐体内加压至 10 kPa
低压(最小刻度 35 kPa)调节器	用于控制高压气源压力
机械式压力表	量程范围(0 ~ 10)kPa;精度为满量程的 2%;最小刻度为 30 Pa
检测接头	检测接头装有断流阀和泄压阀,可连接加压和抽真空软管。此外,检测接头还应装有压力表
真空泵	可以将罐体抽真空至 - 5 kPa
加压和抽真空软管	内径 6.4 mm,能够承受低压调节器的最大压力
泄压阀	能够手动或在压力达到 8.5 kPa 和 - 3.5 kPa 时自动开启

(二)检测方法

1. 检查油罐汽车油气回收系统

对油罐汽车油气回收系统的相关部件进行检查,并记录于表 5 - 5。

表 5 - 5　油气回收设备检查记录表

分类	项目	检查结果			备注
		良好	破损	缺失	
油气回收	DN100 mm 密封式快速接头				
	帽盖				
	油气管线气动阀门				
	连接胶管				
	多仓油气管路并联				
	无缝钢管油气管路				
	管路箱				
	固定支架				
	压力/真空阀				

分类	项目	检查结果			备注
		良好	破损	缺失	
底部装油	DN100 mm 密封式快速接头				
	帽盖				
	气动底阀				
	放溢流探测头				
	放溢流探测头高度是否合格	合格	不合格		
建议和结论：					
检查人：			检查日期：		

2. 检查油气回收检测仪

对油气回收检测仪进行检查。以崂应 7005 型汽油运输油气回收检测仪（以下简称 LY7005 检测仪）为例介绍,见图 5 – 3。

图 5 – 3　崂应 7005 型汽油运输油气回收检测仪

a）LY7005 检测仪开机自检后进入主菜单,设置相关参数并进行系统调零后,选择主菜单中"③自检"后进入自身密闭性的检测准备界面,见图 5 – 4。

图 5 – 4　自身密闭性检测准备界面

b)将 LY7005 检测仪进出口全部关闭,用压力发生器加压到大于 4.5 kPa,等待压力稳定后,按"OK"键进入检测界面,见图 5-5。

图 5-5　自身密闭性检测界面

c)经过 5 min 计时后,显示检测结果,压力变动值(剩余压力减去初始压力),并自动与设定的限值比较得到结论,见图 5-6。

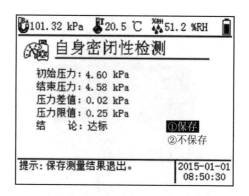

图 5-6　自身密闭性检测结果界面

d)检测结果选择"①保存"或"②不保存"后退出检测。

3. 油罐汽车油气回收系统密闭性正加压检测

a)检查罐体的所有压力/真空阀,以确保处于正常运作。

b)开启和关闭罐体顶盖。

c)将静电接地接头连接至罐体。

d)关闭 LY7005 检测仪所有阀门。

e)使用检测管把油罐汽车油气回收管道快接头与 LY7005 检测仪罐车连接口连接。

f)断流阀连接管路泄压阀、加压和抽真空软管,将压力源与软管连接,在分接头上装压力表。即把已接入减压阀的氮气瓶与 LY7005 检测仪氮气进气口连接。

g) 选择 LY7005 检测仪的系统正压密闭性检测菜单,进入油罐车信息确认界面,见图 5 - 7。

图 5 - 7　油罐车信息确认界面

按"OK"键,进入系统加压界面,缓慢增加气压,将单仓油罐车或多仓油罐车的油仓加压至大于 4.5 kPa,见图 5 - 8。

图 5 - 8　系统正压检测加压界面

h) 关闭断流阀,按"OK"键进入压力调节界面,调节泄压阀使压力保持在 4.5 kPa,见图 5 - 9。

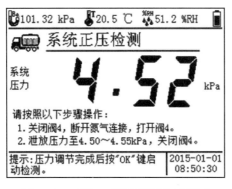

图 5 - 9　系统正压检测压力调节界面

按"OK"键进入检测界面,见图5-10。

图5-10 系统正压检测界面

i)经过5 min计时后,显示检测结果,压力变动值(初始压力减去剩余压力),并自动与表5-6规定的限值比较得到结论,见图5-11。

表5-6 油罐汽车油气回收系统密闭性检测压力变动限值

单仓罐或多仓罐单个油仓的容积/L	5 min后压力变动限值/kPa
≥9500	0.25
5500~9499	0.38
3799~5499	0.50
≤3800	0.65

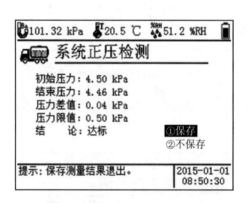

图5-11 系统正压检测结果界面

j)检测结果选择"①保存"或"②不保存"退出检测。

k)多仓油罐车的每个油仓都应进行油气回收系统密闭性正加压检测。

4. 油罐汽车油气回收管线气动阀门密闭性正加压检测

a)在完成系统密闭性正加压检测后,进行油气回收管线气动阀门密闭性正加压检测。

b)选择LY7005检测仪的管线阀门密闭性检测菜单,进入油罐车信息确认界面,见图 5 - 12。

图 5 - 12　油罐车信息确认界面

c）按"OK"键，进入系统加压界面，缓慢增加气压，将单仓油罐车或多仓油罐车的油仓加压至大于4.5 kPa，见图 5 - 13。

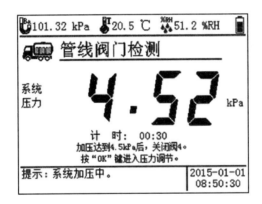

图 5 - 13　管线阀门检测加压界面

d）调节泄压阀，使系统压力稳定于(4.50 ~ 4.55) kPa，关闭泄压阀。按"OK"键进入压力卸放界面，见图 5 - 14。

图 5 - 14　管线阀门检测压力调节界面

e)关闭 LY7005 检测油仓的油气回收管线气动阀门,将油气回收管道与油仓隔离。打开泄压阀,将油气回收管道内的压力减至大气压,之后关闭泄压阀,见图5－15。

图 5－15　管线阀门检测压力卸放界面

f)按"OK"键进入检测界面,见图 5－16。

图 5－16　管线阀门检测界面

g)经过 5 min 计时后,显示检测结果,压力变动值(剩余压力减去初始压力),并自动与表 5－7 规定的限值比较得到结论,见图 5－17。

表 5－7　油罐汽车油气回收管线气动阀门密闭性检测压力变动限值

罐体或单个油仓的容积/L	5 min 后压力变动限值/kPa
任何容积	1.30

h)检测结果选择"①保存"或"②不保存"退出检测。

i)多仓油罐车每个油仓都应进行油气回收管线气动阀门密闭性正加压检测。

5.油罐汽车油气回收系统密闭性负加压检测

a)在完成前面油罐汽车油气回收系统密闭性正加压检测和油罐汽车油气回收管线气动阀门密闭性正加压检测之后,将真空泵与加压和抽真空软管连接。

图 5 - 17 管线阀门检测结果界面

b) 选择 LY7005 检测仪的系统负压检测菜单, 进入油罐车信息确认界面, 见图 5 - 18。

图 5 - 18 油罐车信息确认界面

c) 按 "OK" 键, 进入系统抽真空界面, 按 "泵启停" 键启动抽气泵, 将单仓油罐车或多仓油罐车的油仓抽真空至低于 - 1.5 kPa, 之后按 "泵启停" 键停止抽气泵, 见图 5 - 19。

图 5 - 19 系统负压检测抽真空界面

d)关闭断流阀,按"OK"键进入压力调节界面,调节泄压阀使压力保持在 −1.5 kPa,见图 5 −20。

图 5 −20 系统负压检测压力调节界面

e)按"OK"键进入检测界面,见图 5 −21。

图 5 −21 系统负压检测界面

f)经过 5min 计时后,显示检测结果,压力变动值(剩余压力减去初始压力),并自动表 5 −6 规定的限值比较得到结论,见图 5 −22。

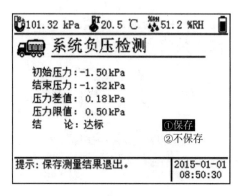

图 5 −22 系统负压检测结果界面

g）检测结果选择"①保存"或"②不保存"退出检测。

h）多仓油罐车的每个油仓都应进行油气回收系统密闭性负加压检测。

四、加油站油气回收系统检测技术

加油站油气回收系统由卸油油气回收系统、汽油密闭储存、加油油气回收系统、在线监测系统和油气排放处理装置组成。该系统的作用是将加油站在卸油、储油和加油过程中产生的油气，通过密闭收集、储存和送入油罐汽车的罐内，运送到储油库集中回收变成汽油。见图5-23，在加油站加油时，油气通过回收型加油枪，把给汽车加油时产生的油气通过同轴管线和地下输气管线送入加油站储油罐，与被抽走的油置换空间，并暂时储存在罐内，动力由真空泵提供。

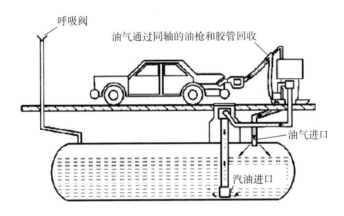

图5-23　在加油站加油时的油气回收过程

下面以崂应7003型油气回收多参数检测仪（以下简称LY7003检测仪，见图5-24）为例介绍加油站油气回收系统密闭性检测、液阻检测和气液比检测。

（一）加油站油气回收系统密闭性检测

加油站油气回收系统密闭性检测在加油油气回收立管处进行。对新、改、扩建加油站，该检测应在加油站油气回收系统安装完毕达到使用要求后进行。

1. 检测前程序

（1）加油站油气回收系统应安装一个6.9 kPa的泄压阀，防止储罐内压力过高。只允许使用气态氮气给系统加压进行检测，且向系统充入氮气过程中应接地线。

（2）加油站油气回收系统密闭性检测必须遵循以下时间和行为限制，否则将会导致该检测结果无效。

a）在检测之前的24 h内没有进行气液比的检测。如果在这项检测之前的24 h内

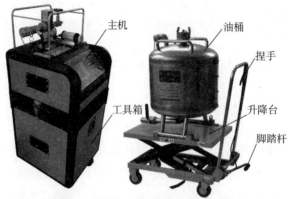

（a）Ⅰ型整机（配置带升降车类油桶）

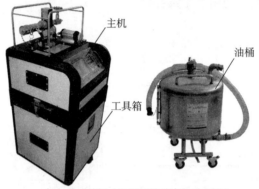

（b）Ⅱ型整机（配置不带升降车类油桶）

图5－24　崂应7003型油气回收多参数检测仪

进行过气液比检测,那么密闭性检测结果将无效。

b)在检测之前3 h内或在检测过程中,加油站不得有大批量油品进出储油罐。

c)在检测之前30 min和检测过程中不得为汽车加油。

d)检测前30 min计时,同时测量储油罐油气空间的压力,如果压力超过125 Pa,应释放压力。完成30 min计时后,在向系统充入氮气之前,如果有必要,应再次降低储油罐油气空间压力,使其不超过125 Pa。

e)所检测的加油站应属于正常工作的加油站。检查压力/真空阀是否良好,处理装置是否关闭,所有加油枪都正确地挂在加油机上。

(3)测量每个埋地油罐当前的储油量,并且从加油站记录中获得每个埋地油罐的实际容积。用实际容积减去当前的储油量,计算出每个埋地油罐的油气空间。单体油罐的最小油气空间应为3800 L或占油罐容积的25%,二者取较小值。连通油罐的最大合计油气空间不应超过95000 L。以上均不包括所有油气管线的容积。

(4)确认储油罐的油面至少比浸没式卸油管的最底部出口高出100 mm。

（5）如果排气管上安装了阀门，要求在检测期间全部开启。

（6）检测在油气回收管线立管处进行，打开被检测加油机的底盆，找到预留的三通和检测接头。

（7）所有的压力测量装置在检测之前应使用标准压力表或倾斜压力计进行校准。分别对满量程的20%，50%和80%进行校准，精度应在每个校准点的2%之内，校准频率不超过90 d。

（8）计算将系统加压至500 Pa大约所需要的时间。

（9）用软管将密闭性检测装置与氮气瓶、三通检测接头连接。开通短接管路上的切断阀。读取油罐和地下管线的初始压力，如果初始压力大于125 Pa，通过释放压力使油罐和地下管线的压力小于125 Pa。

（10）任何电子式压力计在使用前应先做至少15 min的预热和5 min的漂移检查。如果漂移超过了2.5 Pa，此仪器将不能使用。

2. 检测设备

加油站油气回收系统密闭性检测设备如表5-8。

表5-8 加油站油气回收系统密闭性检测设备

检测设备	技术要求
氮气和氮气瓶	使用商用等级氮气，带有两级压力调节器和一个6.9 kPa泄压阀的高压氮气瓶。充入的氮气流量范围为（30～100）L/min，充入系统的氮气流量超过100 L/min会引起检测结果的偏差
压力表	机械式压力表表盘最小直径100 mm，量程范围（0～750）Pa，精度为满量程的2%，最小刻度25 Pa。电子式压力测量装置满量程范围（0～2.5）kPa，精度为满量程的0.5%；满量程范围（0～5.0）kPa，精度为满量程的0.25%
浮子流量计	浮子流量计的量程范围为（0～100）L/min，精度为满量程的2%，最小刻度2 L/min。与压力表共同组装成密闭性检测装置
秒表	秒表精度在0.2 s之内
三通检测接头	预留在加油油气回收立管上用来检测的设备
软管	用于液阻检测装置氮气出口与三通检测接头的连接，通过软管向油气回收管线充入氮气
接地装置	设备和安装方法应符合有关规定
泄漏探测溶液	任何能用于探测气体泄漏的溶液，用于检验系统组件的密闭性

注：所有计量仪器应按计量标准校准。

3. 检测方法

（1）LY7003 检测仪及现场准备

a）去现场前查看 LY7003 检测仪电池电量，检查运行状况，查询 LY7003 检测仪内是否保存有将要检测的加油站信息，没有可在现场新建。

b）到现场后，安全监督员收集所有工作人员的手机（关闭状态）、手表、打火机等，妥善放置。

c）进入防爆区域内的所有工作人员更换防静电服（帽）、防静电鞋，在加油站工作人员的指导下导除身上的静电。

d）确认工作区域，以加油站为中心的边长为 5 m 的正方形区域为工作区域，如现场条件不具备，工作区域面积不得小于 9 m²。将规格为 40 L 的氮气钢瓶用氮气瓶固定链固定在 LY7003 检测仪主机上，见图 5 - 25。LY7003 检测仪和氮气瓶必须良好接地。

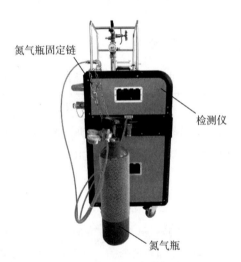

图 5 - 25　氮气瓶固定链连接氮气瓶示意图

e）LY7003 检测仪开机，编辑并选定将要检测的加油站信息。

（2）LY7003 检测仪自身密闭性检测

a）设置自身密闭性检测差压值，出厂默认为 15 Pa。清洁管路接口，需润滑的地方涂抹凡士林，用适配器连接管连接检测仪出气口和适配器（适配器 T01、T02、T03 均需进行检测），见图 5 - 26，将适配器检漏棒插入适配器中并旋转一下使其紧密配合。

注意：压力发生器属于非防爆设备，不能在防爆工作区域内使用，气液比适配器密闭性检测需在非防爆区域内进行。

b）选择"①仪器自身密闭性"菜单，进入自身密闭性检测准备界面，见图 5 - 27。

c）关闭阀 1、3，出气口密闭，打开阀 2、4，将压力发生器旋至最外端。

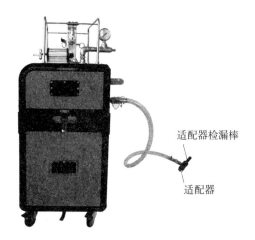

图 5 – 26　自身密闭性检测连接示意图

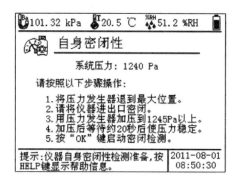

图 5 – 27　自身密闭性检测准备界面

　　d)调零后进入自身密闭性检测加压界面,关闭阀4。调节压力发生器,使检测仪显示压力为1245 Pa以上(不超过1255 Pa),关闭阀2,稳定约20 s后,按"OK"键启动自身密闭性检测,见图5 – 28。

图 5 – 28　自身密闭性检测界面

e) LY7003 检测仪进行 3 min 倒计时,检测过程中尽量保持 LY7003 检测仪所处环境稳定。计时结束后显示检测结果,见图 5 – 29。3 min 压力损失不超过 15 Pa 为自身密闭性良好。

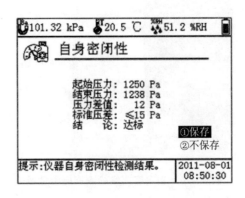

图 5 – 29　自身密闭性检测结果显示界面

f) 若检测结果显示"达标",则自身密闭性检测合格,结束自身密闭性检测;若显示"不达标",则需继续进行 g)、h)操作。

g) 打开阀 2,调节压力发生器,使 LY7003 检测仪显示压力为 1600 Pa 以上(不超过 1610 Pa),关闭阀 2,稳定约 20 s 后,按"OK"键启动密闭性检测,3 min 后读取检测结果。

h) 若检测结果显示压力差值小于等于 15 Pa,则自身密闭性合格;若显示压力差值大于 15 Pa,则自身密闭性不合格。若检测结果不达标,需要检查管路后,再次检测,直至自身密闭性达标。测量结果根据需要选择"保存"或"不保存"。

(3)加油站油气回收系统密闭性检测

a) 在 LY7003 检测仪参数设置界面设置正确的加油站信息,并设置系统测量方式为手动。(LY7003 检测仪测量方式有自动和手动两种,自动测量方式为选配功能,以下均以手动测量方式为例)

b) 选择 LY7003 检测仪"②油气回收系统密闭性"菜单,进入油气回收系统密闭性检测准备界面,见图 5 – 30。LY7003 检测仪检测油气回收系统油罐内剩余压力,当压力值大于 125 Pa 时需要求加油站工作人员打开系统回气口泄放压力,待 LY7003 检测仪压力表读数不超过 125 Pa,开始倒计时 30 min。

c) 在倒计时 30 min 期间,填写《加油站油气回收治理设施环保监测现场工况记录单》和《加油站油气回收系统密闭性监测现场记录》。安全员根据油罐容积和现场液位仪读取汽油体积。现场操作员告知加油站工作人员将末端 P/V 阀门打开;打开所有加油机内油气回收管路的阀门;若油气回收管线上使用了单向阀或采用的真空辅助装置使气体不能反向导通的,需要告知加油站工作人员打开连接短路管路的阀门;填

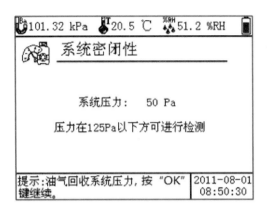

图 5 – 30　油气回收系统密闭性检测界面

写《加油站油气回收治理设施环保监测检查表》中密闭性检查结果,检查结果完全符合要求后开始密闭性检测。

d)30 min 过后,按"OK"键进入加油站油罐剩余汽油体积设置界面,见图 5 – 31。输入汽油体积后按"OK"键进入系统密闭性测试加压准备界面,见图 5 – 32。

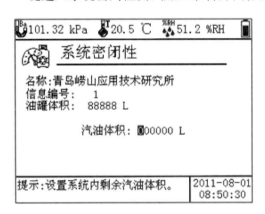

图 5 – 31　剩余汽油体积设置界面

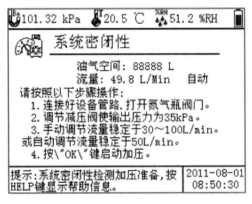

图 5 – 32　密闭性测试加压准备界面

e）断开出气口和适配器连接管的连接，打开氮气瓶阀门，设置输出压力为 35 kPa。手动调节阀 4 使流量稳定为（30～100）L/min 流量范围内任意值。

f）再次连接出气口和适配器连接管，按"OK"键启动加压，进入加压计时界面，见图 5-33。

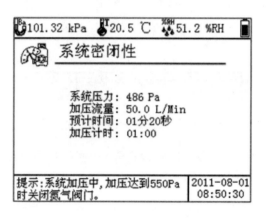

图 5-33　加压计时界面

g）系统在规定时间内加压达到 550 Pa 后，自动进入压力调节界面，见图 5-34，关闭阀 4。

图 5-34　压力调节界面

注：若超过 2 倍预计时间压力仍未加压到 500 Pa，则该油气回收系统不具备密闭性检测条件，系统进入加压超时提示界面，由用户选择是否强制进行密闭性检测。

h）关闭氮气阀门，断开进气口 B 上的氮气快速接头，调节阀 4 使压力减小到（500～505）Pa 后，关闭阀 4，按"OK"键启动系统密闭性检测，见图 5-35。

i）LY7003 检测仪每隔 1 min 记录一次压力值，经过 5 min 检测结束，显示检测结果见图 5-36。测得的压力值与最小压力限值（表 5-9）比较，若各压力值均大于最小压力限值则系统密闭性达标，否则密闭性不达标。测量结果根据需要选择保存或不保存。

图 5 – 35 系统密闭性检测界面

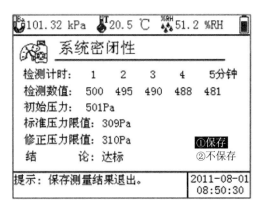

图 5 – 36 系统密闭性检测结果显示界面

表 5 – 9 加油站油气回收系统密闭性检测最小剩余压力限值 单位:Pa

储罐油气空间/L	受影响的加油枪数				
	1 ~ 6	7 ~ 12	13 ~ 18	19 ~ 24	> 24
1893	182	172	162	152	142
2082	199	189	179	169	159
2271	217	204	194	184	177
2460	232	219	209	199	192
2650	244	234	224	214	204
2839	257	244	234	227	217
3028	267	257	247	237	229
3217	277	267	257	249	239
3407	286	277	267	257	249
3596	294	284	277	267	259

续表

储罐油气空间/L	受影响的加油枪数				
	1 ~ 6	7 ~ 12	13 ~ 18	19 ~ 24	> 24
3785	301	294	284	274	267
4542	329	319	311	304	296
5299	349	341	334	326	319
6056	364	356	351	344	336
6813	376	371	364	359	351
7570	389	381	376	371	364
8327	396	391	386	381	376
9084	404	399	394	389	384
9841	411	406	401	396	391
10598	416	411	409	404	399
11355	421	418	414	409	404
13248	431	428	423	421	416
15140	438	436	433	428	426
17033	446	443	441	436	433
18925	451	448	446	443	441
22710	458	456	453	451	448
26495	463	461	461	458	456
30280	468	466	463	463	461
34065	471	471	468	466	466
37850	473	473	471	468	468
56775	481	481	481	478	478
75700	486	486	483	483	483
94625	488	488	488	486	486

注:如果各储罐油气管线连通,则受影响的加油枪数等于汽油加油枪总数。否则,仅统计通过油气管线与被检测储罐相连的加油枪数。

j)密闭性检测结束后,现场操作员要求加油站工作人员打开回气口进行减压。施工方拆除与加油机三通口连接处,取下三通检测接头上连接的软管,恢复原来油气回收管线的连接。

k)如果油气回收系统由若干独立的油气回收子系统组成,那么每个独立子系统都应做密闭性检测。

（二）加油站油气回收管线的液阻检测

加油机至埋地油罐的地下油气回收管线应进行液阻检测,并应对每台加油机至埋地油罐的地下油气回收管线进行液阻检测。系统液阻检测期间不允许有大批量的油品进出储油罐;关闭三级回收处理装置及三级回收装置进出口阀门;打开回气口使油罐连通大气(压力表读数应小于 5 Pa)。如检测新、改、扩建加油站,应在油气管线覆土、地面硬化施工之前向管线内注入 10 L 汽油。

加油站油气回收管线的液阻检测设备如表 5 - 10。

表 5 - 10　加油站油气回收管线的液阻检测设备

设备名称	技术要求
氮气和氮气瓶	使用商用等级氮气,带有两级压力调节器和一个 6.9 kPa 泄压阀的高压氮气瓶
压力表	提供的压力表应能够测量液阻最大值和最小值。推荐机械式压力表表盘最小直径 100 mm,满量程范围(0~250)Pa,精度为满量程的 2%,最小刻度 5 Pa。推荐电子式压力测量装置满量程范围(0~2.5)kPa,精度为满量程的 0.5%;满量程范围(0~5.0)kPa,精度为满量程的 0.25%
浮子流量计	浮子流量计的量程范围为(0~100)L/min,精度为满量程的 2%,最小刻度 2 L/min,与压力表共同组装成液阻检测装置
秒表	秒表精度在 0.2 s 之内
三通检测接头	预留在加油油气回收立管上用来检测的设备
软管	用于液阻检测装置氮气出口与三通检测接头的连接,通过软管向油气回收管线充入氮气
接地装置	设备和安装方法应符合有关规定

注:所有计量仪器应按计量标准校准。

1. 检测方法

a)现场操作员要求加油站工作人员、施工方打开被检测加油机的底盆,找到预留在加油油气回收立管上的三通和检测接头,用扳手把转接嘴(缠绕生料带)接入加油机内,连接检测仪出气口和转接嘴。

b)参数设置界面设置正确的加油站信息,并设置系统测量方式为手动。

c)氮气瓶接地,将氮气管与液阻检测装置的氮气入口接头连接。

注:相关油气管线的任何泄漏会导致液阻测量值偏低。

LY7003检测仪全部阀处于关闭状态,按图5-37连接管路,注意各部件接地。

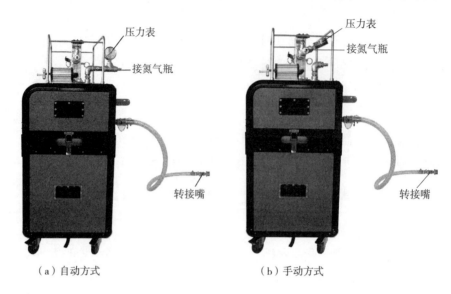

（a）自动方式　　　　　　　　　（b）手动方式

图5-37　系统密闭性检测及液阻检测连接示意图

d)开启对应油罐的卸油油气回收系统油气接口阀门。

e)开启氮气瓶,设置低压调节器的压力为35 kPa。按"OK"键启动液阻检测,见图5-38,LY7003检测仪首先进入18 L/min流量调节状态。

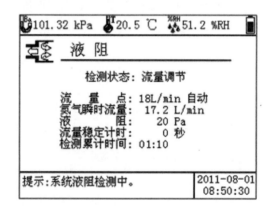

图5-38　流量调节界面

手动调节阀4使流量为18 L/min,待流量稳定后,系统自动进入18 L/min流量液阻检测状态,见图5-39,开始50 s倒计时并记录液阻值。18 L/min液阻测量倒计时结束后,LY7003检测仪自动进入28 L/min流量调节状态,按照以上操作流程完成28 L/min和38 L/min液阻检测,流量稳定计时时间可以在管理菜单设置。

f)检测结束显示检测结果,见图5-40。如果3个液阻检测值中有任何1个大

图 5 - 39 液阻检测界面

于表 5 - 11 规定的最大压力限值,则加油站液阻检测不合格。关闭阀 4,并保存数据。

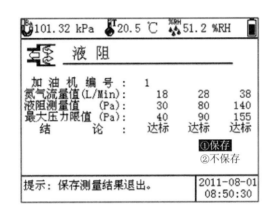

图 5 - 40 液阻检测结果显示界面

表 5 - 11 加油站油气回收管线液阻最大压力限值

通入氮气流量/(L/min)	最大压力/Pa
18.0	40
28.0	90
38.0	155

g)一台加油机检测完毕后,施工方拆除与加油机三通口连接处,与下一台被检测加油机连接,重复上述步骤进行下一台加油机的液阻检测;所有加油机检测完毕后,现场操作员关闭氮气罐阀门,拆除氮气快速接头,拆除与油气出气口连接的快速接头,施工方拆除与加油机三通口的连接,恢复原来油气回收管线的连接。

h)关闭加油站油罐的卸油口、回气口,液阻检测完毕。

（三）加油站加油油气回收系统的气液比检测

加油站加油油气回收系统的气液比检测应在加油枪的喷管处安装一个密合的适配器。该适配器与气体流量计连接，气流先通过气体流量计，然后进入加油枪喷管上的油气收集孔。所计量的气体体积与加油机同时计量的汽油体积的比值称为气液比。通过气液比的检测，可以了解油气回收系统的回收效果。

1. 气液比检测条件

a）按图 5-41 安装检测用油桶部件和气体流量计，保证接地装置正确连接。

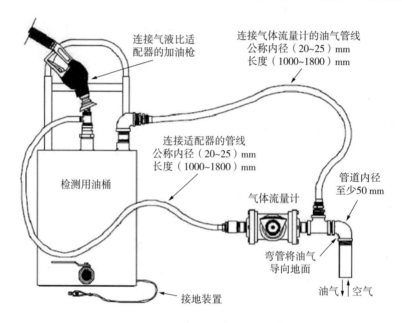

图 5-41　气液比检测装置安装示意图

b）如果有其他加油枪与被检测加油枪共用一个真空泵，气液比检测应在其他加油枪都没有被密封的情况下进行。

c）气体流量计每年至少校准 1 次，每次维修之后也应进行校准，校准的流量分别为 15 L/min、30 L/min 和 45 L/min，应保存一份最近的校准记录。

d）确保加油枪喷管与检测用油桶上的加油管之间是密封的。

e）检查气液比适配器上的 O 型圈是否良好和完全润滑。

f）气液比适配器密闭性检测。

气液比检测前、后均应测试适配器的密闭性能，一般建议 4~6 把加油枪的气液比检测后就应测试一下适配器的密闭性能。

注意：压力发生器属于非防爆设备，不能在防爆工作区域内使用，气液比适配器密闭性检测需在非防爆区域内进行。

按本节"四.(一).3.(2)LY7003 检测仪自身密闭性检测"(图 5 - 26)的方法进行气液比适配器密闭性检测。

g)检测前检查压力/真空阀是否良好,处理装置是否关闭。

h)装配好检测用油桶和气液比检测装置之后,向油桶中加油(15～20)L,使油桶具备含有油气的初始条件,在每个站开始检测之前都应完成这项初始条件设置。

i)如果加油枪具有多挡位功能,应对各挡进行检测。"一泵带四枪"油气回收系统,三支枪同时被检测的系统抽检比例不低于 50%;"一泵带多枪(>4 支枪)"油气回收系统,四支枪同时被检测的抽检比例不低于 50%。

j)允许未被检测的加油机进行加油,但不能在检测气液比过程中卸油。

k)所有加油枪都正确挂在加油机上。

2. 气液比检测设备

气液比检测设备如表 5 - 12。

表 5 - 12 气液比检测设备

适配器	使用一个和加油枪匹配的气液比适配器,该适配器应能将加油枪的油气收集孔隔离开,并通过一根耐油软管与气体流量计连接
气体流量计	使用涡轮式或同等流量计测量回收气体体积
气体流量计入口三通管	三通管用于连接油气回路管和气体平衡管
液体流量计	使用加油机上的流量计测量检测期间所加汽油的体积
检测用油桶	满足防火安全的便携式容器,用于盛装检测期间所加出的汽油,材料和使用应满足消防安全要求
秒表	秒表精度在 0.2s 之内

3. 气液比检测方法

a)划定不小于 3 m × 3 m 的正方形工作区域,在工作区域周围设立隔离墩及建立安全警戒线,测爆仪安置在工作区域内。现场操作员填写《加油站油气回收治理设施环保监测检查表》中气液比的检查结果,检查结果符合要求后开始下步操作。安全员读取测爆仪的读数,并将读数填写在《现场环境油气浓度记录单》上。整个加油站气液比检测过程中任意记录 3 次测爆仪读数。

b)依次检测每支加油枪的气液比。按图 5 - 42(以 Ⅱ 型整机为例)正确连接气液比适配器和加油枪喷管,将加油枪的油气收集孔包裹起来,并且确保连接紧密。

c)记录每次检测之前气体流量计的最初读数。

d)将秒表复位。将加油机上的示值归零。

e)确定检测时的加油流量。安装在线监测系统的加油站,将加油枪分别开启至

图5-42 气液比检测连接图

加油机允许的最大流量和(20~30) L/min 范围内的某一流量,每支加油枪获得2个气液比;未安装在线监测系统的加油站,仅将加油枪开启至加油机允许的最大流量,每支加油枪获得1个气液比。开始往检测用油桶中加油,确保在加油过程中加油枪喷管与检测用油桶(确定已经接地)上的加油管之间是密封的。当加油机开始加油时开启秒表。

f) 预先向油桶内加入(15~20) L汽油,使油桶具备含有油气的初始条件。

g) 选择主菜单中"⑤气液比"菜单按"OK"键,或直接按数字键盘"5"键,进入气液比设置界面,见图5-43。

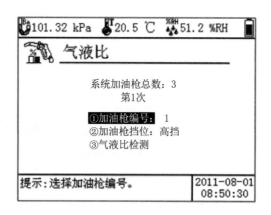

图5-43 气液比设置界面

h) 设置加油枪编号,设置挡位为高挡(先高挡后低挡),选择"③气液比检测"菜单,进入气液比检测准备界面,见图5-44。

i) 清零加油机上的示值,按"OK"键启动检测,见图5-45。启动检测的同时,加油人员打开加油枪以高挡(先高挡后低挡)流量向油桶加油。

j) 加油量达到(15~20) L后,停止加油,同时按"OK"键停止检测,进入加油体积

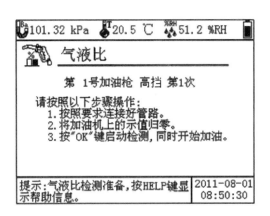

图 5 - 44　气液比检测准备界面

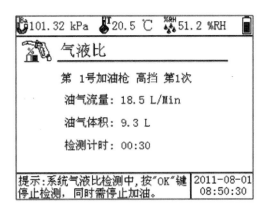

图 5 - 45　气液比检测界面

输入界面,见图 5 - 46。

图 5 - 46　汽油体积输入界面

k)输入加油机显示的汽油体积后,按"OK"键进入气液比检测结果界面,见图 5 - 47。安全员把加油机上显示的加油量记录在《加油站汽油加油枪气液比监测现场记录》上,并记录最终气液比读数。测量结果根据需要保存或不保存。

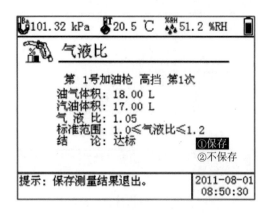

图5-47 气液比检测结果显示界面

注1:若第一次检测气液比数值在(0.90~0.99)或(1.21~1.30)范围内时,系统在选择完测量结果是否保存后,提示进行再一次检测。选择"①是",进行第二次和第三次检测,三次检测结束后显示三次结果的平均值。

注2:如果气液比不在标准限值范围内,而气液比检测值与限值的差小于或等于0.1时,应再做两次气液比检测,但之间不要对加油管线或油气回收管线做任何调整。为了保证测量的准确,允许对气液比检测装置进行必要的调整,包括气液比适配器和加油枪。如果对气液比检测装置进行了调整,那么该加油枪前一次的检测结果作废。

注3:对三次检测结果做算术平均。如果气液比平均值在给出的限值范围内,则该加油枪气液比检测达标。如果平均值在限值范围之外,说明该加油枪气液比检测不达标。如果气液比不在规定的限值范围内,而且气液比检测值与限值的差大于0.1,则被测加油点气液比检测不达标。

l)完成当前加油枪的高挡气液比检测后,继续按照h)~k)步骤进行中、低挡气液比检测。当前加油枪挡位全部检测完毕后,进行下一把加油枪的检测,直至全部的加油枪气液比检测完毕。

m)检测完毕后再做一次适配器密闭性检测,一般建议4~6把加油枪的气液比检测后就应检测一下适配器的密闭性能。如果密闭性不达标,之前的气液比检测数据无效。

n)把加出的汽油倒回相应的汽油储罐,在倒油之前一直保持检测用油桶接地。在没有得到加油站业主同意的情况下,不要在油桶中混合不同标号的汽油。如果不同标号的汽油在油桶中混合了,应将混合汽油倒回到低标号的储油罐。为了避免汽油的积聚,在每次检测之后,将气体流量计和检测用油桶部件之间软管,以及气液比适配器和气体流量计之间软管中凝结的汽油排净。

第四节 仪器检定

一、崂应7003型 油气回收多参数检测仪 检定

(一) 检验环境条件

a) 环境温度: (10 ~ 35) ℃。

b) 相对湿度: ≤85% RH。

c) 大气压: (86 ~ 106) kPa。

(二) 检验用标准器及设备

a) 湿式气体流量计: (0.1 ~ 6) m³/h, 0.2级。

b) 补偿式微压计: (0 ~ 2500) Pa。

c) 水银温度计: (0 ~ 50) ℃, 分度值0.1℃。

d) 湿度表: (0 ~ 100%) RH, 分度值2% RH。

e) 秒表: 分度值0.01 s。

f) 动槽水银气压表: (81 ~ 110) kPa, 分度值0.01 kPa。

g) 绝缘电阻表: 输出电压500 V, 准确度等级10级。

h) 数字万用表。

i) 压力表组件: (0 ~ 6) kPa。

j) 压力发生器(手摇式)、压力发生器(脚踏式)。

(三) 检验方法

1. 外观检验

a) 在检测仪明显位置应有产品铭牌, 铭牌上应有检测仪名称、型号、生产厂名称、出厂编号、生产日期及防爆标志、防爆合格证编号和使用环境温度; 出厂编号应与检测仪显示编号一致。

b) 检测仪表面应有警示贴、阀门编号PC贴。

c) 油桶表面应有警示贴、名称指示贴、放油阀指示贴。

d) 检测仪主机充电器及打印机电源应有标贴。

e) 接地符号齐全。

f) 检测仪主机以及所有配件应完好无损, 无明显缺陷, 各零部件连接可靠, 各按键

要求手感适中、动作灵活可靠,阀门灵活有效。

g)检测仪开机检查显示屏,应显示清晰,不得有缺划、擦痕现象。

h)查看检测仪系统时钟,与北京时间比较相差不能超过 5 min。

i)将检测仪所有配件与装箱单一一对照,不应有缺。

2. 环境指标检测

检测仪在检验环境下静置 24 h 后,开机立即记录显示大气压、温度、相对湿度数值。大气压示值误差应不超过 ±500 Pa,温度示值误差不超过 ±3 ℃,相对湿度示值误差应不超过 ±3% RH。

3. 密闭性检测

按本章第三节"四、(一)、3.(2)LY7003 检测仪自身密闭性检测"(图 5 - 26)进行检测。

4. 压力检测

(1)压力零点漂移

检测仪开机预热 15 min,打开检测仪阀 4 使其内部与外界空气相通,调零后进入仪器自身密闭性准备界面,记录初始压力值 P_0,以后每 1 min 记录一次压力值 P_i,连续记录 5 min,按公式(5 -4)计算零点漂移。取 P_d 最大值作为检测仪的零点漂移值,应不超过 2.5 Pa。

$$P_d = P_i - P_0 \qquad\qquad (5-4)$$

式中:P_d——检测仪的零点漂移值,Pa;

　　　P_i——检测仪 i 分钟后的压力示值,Pa;

　　　P_0——检测仪初始压力值,Pa。

(2)压力示值误差

a)阀 1、2、3 关闭,阀 4 打开,出气口关闭,对压力进行调零操作后,进入仪器自身密闭性检测准备界面。

b)将检测仪进气口 B、压力发生器和补偿式微压计正端依次串联,见图 5 -48。

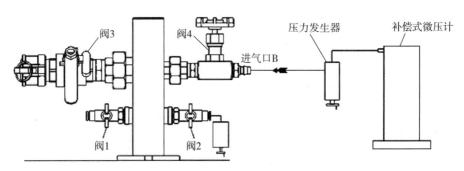

图 5 - 48　压力测量连接示意图

c)调节补偿式微压计和压力发生器,分别使标准发生压力 $p_{标}$ 为 40 Pa,90 Pa,155 Pa,500 Pa,1250 Pa,2000 Pa(上行程),2000 Pa,1250 Pa,500 Pa,155 Pa,90 Pa,40 Pa(下行程),记录每个标准压力值对应的检测仪压力显示值 $p_{仪}$。

d)按公式(5-5)计算该压力检测点的压力示值误差 δ_p。

$$\delta_p = \frac{p_{仪} - p_{标}}{2500} \times 100\% \qquad (5-5)$$

式中:δ_p——压力示值误差,%;

$p_{仪}$——检测仪压力显示值,Pa;

$p_{标}$——标准发生压力值,Pa。

e)取各示值误差中绝对值最大者作为检测仪的压力示值误差,应不超过 ±0.5%FS。

5.累计流量示值误差

a)依次连接检测仪出气口、湿式流量计进气口、湿式流量计出气口、烟尘(气)测试仪进气口,见图5-49。

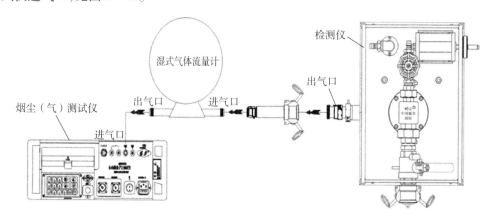

图5-49　流量检测连接示意图

b)各仪器准备:

烟尘(气)测试仪:分别设置烟尘(气)测试仪采样流量为 18 L/min、28 L/min、38 L/min 和 50 L/min,采样时间为 3 min。

湿式气体流量计:清零湿式流量计示数。

检测仪:阀1,2,4关闭,阀3打开,进气口C打开。进入检测仪气液比测量界面。

c)开启烟尘(气)测试仪。采样结束后记录检测仪显示的累计体积 $V_{仪}$ 和湿式流量计显示的累计体积 $V_{标}$。

d)同一流量点重复测量共三次,分别取 $V_{仪}$ 和 $V_{标}$ 的三次测量结果平均值,按公式(5-6)计算累计流量示值误差,应不超过 ±2.5%。

$$\delta_L = \frac{\overline{V_{仪}} - \overline{V_{标}}}{\overline{V_{标}}} \times 100\% \qquad (5-6)$$

6. 导电性检验

将数字万用表置于电阻测量 200 Ω 挡,表笔负极接检测仪底部的编织接地线,正极自上而下在检测仪表面任意金属点多处检测,直到设备底部的编织接地线,记录各点接地电阻,均应不超过 2 Ω。

7. 计时误差

计时误差与累计流量示值误差检测同时进行。

检测仪进入气液比检测界面的同时,秒表开始计时,检测仪显示检测计时 $t_{仪}$ 为 10 min 时,秒表停止计时,记录秒表显示时间 $t_{标}$。连续测量三次,按公式(5 - 7)计算计时误差,应不超过 ±1 s。

$$\delta_t = t_{仪} - \bar{t}_{标} \tag{5 - 7}$$

8. 油桶密闭性

关闭油桶上方的出口及下方的放油阀,在油桶侧面出口依次连接压力表组件、脚踏式压力发生器,见图 5 - 50。开启压力表组件上的检测阀门,踩压压力发生器充气到油桶中,加压至压力表显示 2000 × (1 ± 5%) Pa 关闭检测阀门,待压力基本稳定后,计时 3 min,记录压力下降值,应不超过 200 Pa。

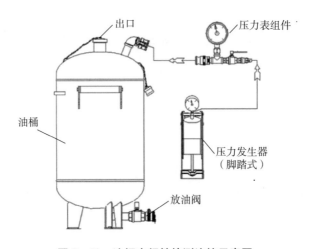

图 5 - 50 油桶密闭性检测连接示意图

9. 功能检验

(1)系统密闭性检测功能

自动方式:

a)在"设置"菜单中设置系统测量方式为"自动",阀 1,2,3,4 关闭,打开检测仪出气口。

b)调零后,进入油气回收系统密闭性检测设置界面,根据提示输入汽油体积后,进入流量调节界面。在进气口 A 处依次连接压力表、减压阀、空压机,见图 5 - 51。开启空压机,调节减压阀,使压力表显示输入压力为 35 kPa,打开阀 1。待流量自动调节到 50 L/min,并稳定在(49～51) L/min 后,按"OK"键启动加压,用手轻轻的堵在出气口处,检测仪显示压力大于等于 550 Pa 后自动进入下一步,同时松开堵住出气口的手。

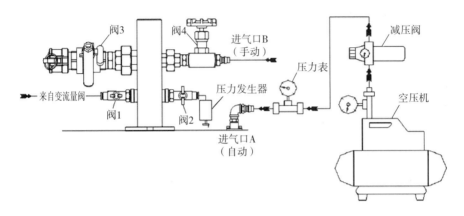

图 5－51　系统密闭性检测连接示意图(自动方式)

c)关闭阀 1,撤掉进气口 A 的输入压力,关闭出气口。打开阀 2,调节压力发生器,使检测仪显示压力为 500 Pa(500 Pa～505 Pa),按"OK"键启动密闭性检测。5 min 后,密闭性检测结束,显示检测结果界面。

d)上述步骤能顺利进行,各流量、压力调节能够稳定、可调(流量调节时间不超过 10 min),则系统密闭性检测功能自动方式合格;否则,为不合格。

手动方式:

a)设置系统测量方式为"手动",阀 1,2,3,4 关闭,打开检测仪出气口。

b)调零后,进入油气回收系统密闭性检测设置界面,根据提示输入汽油体积后,进入流量调节界面。参见图 5－51,在进气口 B 处依次连接压力表、减压阀、空压机。开启空压机,调节减压阀,使压力表显示输入压力为 35 kPa。手动调节阀 4,使流量稳定在(49～51)L/min 后,按"OK"键启动加压,用手轻轻地堵在出气口处,检测仪显示压力大于等于 550 Pa 后自动进入下一步,同时松开堵住出气口的手。

c)关闭阀 4,撤掉进气口 B 的输入压力,关闭出气口。打开阀 2,调节压力发生器,使检测仪显示压力为 500 Pa(500 Pa～505 Pa),按"OK"键启动密闭性检测。5 min 后,密闭性检测结束,显示检测结果界面。

d)上述步骤能顺利进行,各流量、压力调节能够稳定、可调,则系统密闭性检测功能手动方式合格;否则,为不合格。

(2)液阻检测功能

自动方式:

a)设置系统测量方式为"自动",阀 1,2,3,4 关闭,打开检测仪出气口。

b)进入液阻检测准备界面,输入加油机编号后,进入液阻检测提示界面。在进气口 A 处依次连接压力表、减压阀、空压机,见图 5 - 51。开启空压机,调节减压阀,使压力表显示输入压力为 35 kPa。按"OK"键启动液阻检测。

c)打开阀 1,流量自动调节 18 L/min,28 L/min,38 L/min,并显示液阻,液阻检测结束后,自动进入检测结果界面。

d)上述步骤能顺利进行,各流量调节能够迅速、稳定(各流量点调节时间不超过10 min),则液阻检测功能自动方式合格;否则,为不合格。

手动方式:

a)设置系统测量方式为"手动",阀 1,2,3,4 关闭,打开检测仪出气口。

b)进入液阻检测准备界面,输入加油机编号后,进入液阻检测提示界面。参见图5 - 51,在进气口 B 处依次连接压力表、减压阀、空压机。开启空压机,调节减压阀,使压力表显示输入压力为 35 kPa。按"OK"键启动液阻检测。

c)手动调节阀 4,使流量依次调节为 18 L/min,28 L/min,38 L/min,并显示液阻,液阻检测结束后,自动进入检测结果界面。

d)上述步骤能顺利进行,各流量点稳定、可调,则液阻检测功能手动方式合格;否则,为不合格。

(3)气液比检测功能

气液比功能与累计流量示值误差检测同时进行。

烟尘(气)测试仪采样结束后,在检测仪操作面板上按"OK"键结束气液比检测,在汽油体积中输入烟尘(气)测试仪显示体积值后,按"OK"键显示气液比检测结果界面。上述步骤能顺利进行,则气液比检测功能合格;否则,为不合格。

检验记录表可参照表 5 - 13。

表 5 - 13   油气回收多参数检测仪检验记录

仪器型号	崂应 7003 型	出厂编号		
标准器名称		标准器编号		
标准器证书号		有效期至		
标准器测量范围		U 或 MPE		
检验依据	GB 20952—2007	检验条件	温度:	℃
	Q/02 LYB—024—2011		湿度:	% RH
一、外观:		二、导电性:		

续表

三、环境指标检测

1. 环境温度(不超过 ±3℃)

标准值(℃)	测量值(℃)	误差(℃)

2. 湿度(不超过 ±3% RH)

标准值(% RH)	测量值(% RH)	误差(% RH)

3. 大气压(不超过 ±500 Pa)

标准值(kPa)	测量值(kPa)	误差(kPa)

四、自身密闭性(≤15 Pa)

	U_1(Pa)	U_2(Pa)	ΔU(Pa)
适配器 T01			
适配器 T02			
适配器 T03			

五、压力示值测量(不超过 ±0.5% FS,FS = 2500 Pa)

标准值(Pa)	上行程(Pa)	下行程(Pa)	误差(%)
40			
90			
155			
500			
1250			
2000			

六、压力传感器零点漂移(≤2.5 Pa)

时间(min)	0	1	2	3	4	5	最大值(Pa)
测量值(Pa)							

七、累计流量示值误差(不超过 ±2.5%)

设定流量 /(L/min)	项目	n = 1	n = 2	n = 3	平均值/L	误差/%
18	检测仪累计体积(L)					
	标准器累计体积(L)					
28	检测仪累计体积(L)					
	标准器累计体积(L)					
38	检测仪累计体积(L)					
	标准器累计体积(L)					
50	检测仪累计体积(L)					
	标准器累计体积(L)					

八、计时误差(不超过 ±0.2s)

设定时间(s)	测试值1(s)	测试值2(s)	测试值3(s)	平均值(s)	误差(s)
600					

九、油桶密闭性:

十、功能:

检验结论		检验日期	年　　月　　日
检定员		校验员	

二、崂应7005型 汽油运输油气回收检测仪检验

(一)检验环境条件

a)环境温度:(10~35)℃。

b)相对湿度:≤85% RH。

c)大气压:(86~106)kPa。

(二)检验用标准器及设备

a)补偿式微压计:(0~2500)Pa。

b) 水银温度计:(0~50)℃,分度值 0.1 ℃。

c) 湿度表:(0~100)% RH,分度值 2% RH。

d) 秒表:分度值 0.01 s。

e) 动槽水银气压表:(81~110) kPa,分度值 0.01 kPa。

f) 绝缘电阻表:输出电压 500 V,准确度等级 10 级。

g) 数字万用表。

h) 压力表组件:(0~6) kPa。

i) 压力发生器(手摇式)或压力发生器(脚踏式)。

（三）检验方法

1. 外观检验

a) 在检测仪明显位置应有产品铭牌,铭牌上应有检测仪名称、型号、生产厂名称、出厂编号、生产日期及防爆标志、防爆合格证编号和使用环境温度;出厂编号应与检测仪显示编号一致。

b) 检测仪表面应有警示贴、阀门编号标示。

c) 检测仪主机充电器及打印机电源应有标识。

d) 接地符号齐全。

e) 检测仪主机以及所有配件应完好无损,无明显缺陷,各零部件连接可靠,各按键要求手感适中、动作灵活可靠,阀门灵活有效。

f) 检测仪开机检查显示屏,应显示清晰,不得有缺划、擦痕现象。

g) 查看检测仪系统时钟,与北京时间比较相差不能超过 5 min。

h) 将检测仪所有配件与装箱单一一对照,不应有缺。

2. 环境指标检测

检测仪在检验环境下静置 24 h 后,开机立即记录显示大气压、温度、相对湿度数值。大气压示值误差应不超过 ±800 Pa,温度示值误差不超过 ±5 ℃,相对湿度示值误差应不超过 ±8% RH。

3. 压力零点漂移

检测仪开机预热 15 min,打开检测仪阀 4 使其内部与外界空气相通,调零后进入仪器自身密闭性准备界面,记录初始压力值 P_0,以后每 1 min 记录一次压力值 P_i,连续记录 5 min,按公式(5-4)计算零点漂移。取 P_d 最大值作为检测仪的零点漂移值,应不超过 0.05 kPa。

4. 压力示值误差

a) 打开所有阀门对压力进行调零操作后,进入仪器自身密闭性检测准备界面。

b）将检测仪后端下接口、压力发生器和压力计连接。

c）调节压力计和压力发生器，使标准发生压力为 -5 kPa，记录检测仪对应的压力显示值。

d）按公式（5-8）计算此检测点的压力示值误差：

$$\delta_p = \frac{p_{仪} - p_{标}}{10} \times 100\% \qquad (5-8)$$

式中：δ_p——压力示值误差，%；

$p_{仪}$——检测仪压力显示值，Pa；

$p_{标}$——标准发生压力值，Pa。

e）在不变动管路连接状态的情况下重复 c）、d）操作，依次将标准发生压力调节至 -5 kPa，-1.5 kPa，4.5 kPa，10 kPa（上行程），10 kPa，4.5 kPa，-1.5 kPa，-5 kPa（下行程）。计算并记录各检测点的压力示值误差。

f）取各示值误差中绝对值最大者作为检测仪的压力示值误差，应不超过 ±2% FS。

5. 计时误差

检测仪进入系统正压密闭性检测界面，秒表开始计时，检测仪显示检测计时 $t_{仪}$ 为 10 min 时，秒表停止计时，记录秒表显示时间 $t_{标}$。连续测量三次，按公式（5-7）计算计时误差，应不超过 ±1s。

6. 导电性

将万用表打到电阻测量挡，表笔负极接设备底部的编织接地线，正极自上而下多处检测，直到设备底部的编织接地线，记录各点接地电阻，均应符合导通电阻不超过 2Ω。

7. 自身密闭性

详见本章第三节"三、（二）2. 检查油气回收检测仪"（图5-3）部分。

检验记录表可参照表5-14。

表5-14 汽油运输油气回收检测仪检验记录

仪器型号	崂应 7005 型	出厂编号		
检验依据	GB 20951—2007	检验条件	温度：	℃
	$\dot{Q}$/02 QJF—064—2015		湿度：	% RH
一、外观： 二、导电性（<2Ω）：				

三、环境指标检测

1. 温度示值误差(不超过 ±5℃)

标准值(℃)	测量值(℃)	误差(℃)

2. 相对湿度示值误差(不超过 ±8% RH)

标准值(% RH)	测量值(% RH)	误差(% RH)

3. 大气压示值误差(不超过 ±800 Pa)

标准值(kPa)	测量值(kPa)	误差(kPa)

四、自身密闭性(4.5 kPa 以上,不超过 0.25 kPa)

压力初值(kPa)	压力终值(kPa)	下降值(kPa)

五、压力零点漂移(不超过 0.05 kPa)

时间(min)	0	1	2	3	4	5	最大值(kPa)
测量值(kPa)							

六、压力示值误差(满量程:10 kPa,不超过 ±2% FS)

标准值(kPa)	上行程(kPa)	下行程(kPa)	误差(%)	示值误差(%)
−5.0				
−1.5				
4.5				
10.0				

七、计时误差(不超过 ±0.2s)

设定时间(s)	测试值1(s)	测试值2(s)	测试值3(s)	平均值(s)	误差(s)
600					

八、功能检查:

检验结论		检验日期	年　月　日
检定员		校验员	

第五节　仪器标定

一、崂应7003型 油气回收多参数检测仪 标定

选择主菜单中"⑦管理"菜单按"OK"键,或直接按数字键盘"7"键,按提示输入密码(出厂密码为1997)后,进入系统管理主界面,见图5-52。在无校准装置的情况下建议用户不要随意修改其中的数据。

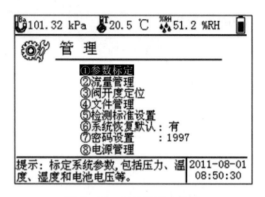

图5-52　系统管理主菜单

1. 参数标定

执行"①参数标定"菜单,见图5-53,可对压力、大气压、电池、温湿度进行标定。注意:压力标定前需先调零。

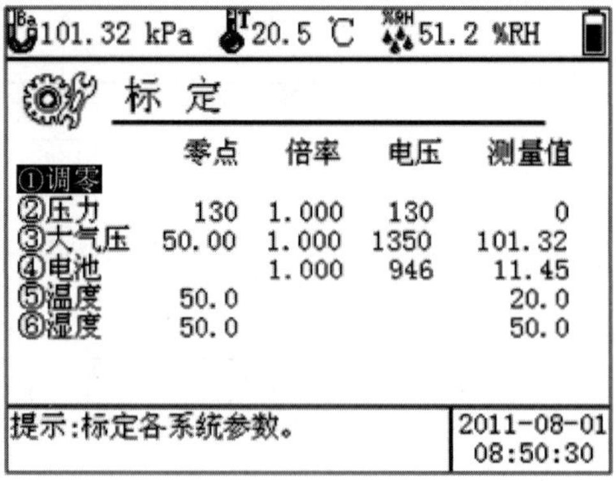

图5-53　参数标定界面

(1)压力标定

a)使管路与大气连通,执行"①调零"菜单,待压力数值稳定在0,按"OK"键结束

调零。

b)阀1、2、3关闭,阀4打开,连接检测仪进气口B和压力校准装置。

c)通过压力校准装置加500 Pa压力,记录检测仪显示压力值,按公式(5-9)计算新倍率。

$$新倍率 = 原倍率 \times \frac{标准值}{测量值} \qquad (5-9)$$

d)执行"②压力"菜单,修改倍率。

e)通过压力校准装置加40 Pa,90 Pa,155 Pa,100 Pa,1250 Pa,2000 Pa压力,分别记录检测仪显示压力值,按公式(5-10)计算示值误差。

$$示值误差 = \frac{测量值 - 标准值}{2500} \times 100\% \qquad (5-10)$$

f)若不合格需重新标定,直至合格为止。

(2) 大气压标定

a)通过压力校准装置给大气压传感器加不同的压力值,记录检测仪显示的相应大气压值,按公式(5-11)计算新倍率。

$$新倍率 = 原倍率 \times \frac{标准值1 - 标准值2}{测量值1 - 测量值2} \qquad (5-11)$$

b)按公式(5-12)计算新零点。

$$新零点 = 原零点 + (测量值 - 标准值) \qquad (5-12)$$

c)执行"③大气压"菜单,修改倍率和零点。

注:大气压标定5 kPa,-5 kPa,-10 kPa,-20 kPa四个点,用0 kPa和-5 kPa修正倍率,其余点验证示值误差。

(3) 其他标定

执行"④电池"菜单,可修改电池电压倍率。电池电压倍率出厂时已标定,无需修改。

通过标准温湿度计计算温湿度零点后,执行"⑤温度"菜单或"⑥湿度"菜单,修改零点。

2. 流量管理

执行"②流量管理"菜单,见图5-54。流量计参数是每个流量计独有的一些参数,必须按照流量计对应编号的参数输入,检测仪出厂时已正确输入,无需修改。

执行"②流量标定"菜单,进入流量定点标定界面,见图5-55。流量调节间隔与流量调节时间系统默认分别为5 s和2 s,用户无需修改。

流量标定流程:

a)阀1、2、4关闭,阀3打开,将检测仪进气口C打开。流量标准器进气口与检测

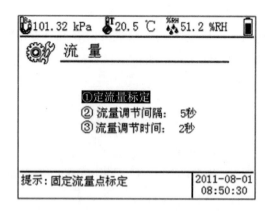

图 5-54 流量管理界面

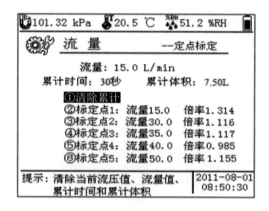

图 5-55 流量定点标定界面

仪出气口连接,流量标准器出气口与烟尘(气)测试仪进气口连接,设置烟尘(气)测试仪采样流量为 15 L/min,采样时间为 3 min。

b)清零检测仪和流量标准器示数,开启烟尘(气)测试仪。采样结束后记录检测仪显示的累计体积和流量标准器显示的累计体积 V。

c)通过压力换算,计算出流量标准器累计体积标准值。

d)按照式(5-9)计算 15 L/min 流量新倍率。

e)按 c)~d)标定 30 L/min,35 L/min,40 L/min 和 50 L/min 流量点的倍率。

3. 阀开度定位

执行"③阀开度定位"菜单,进入阀开度定位界面,见图 5-56。

注:配置为手动测量方式的仪器该菜单不可用。

按◀键减小开度,每次按键电机运行 2 s,当流量为零或者流量不再减小时,执行"①最小位置"菜单,手动输入最小位置。

按▶键增大开度,每次按键电机运行 2 s,当流量不再增大时,执行"②最大位置"

图 5 - 56 阀开度定位界面

菜单,手动输入最大位置。

4. 检测标准设置

设置仪器使用时的检测标准及参数,见图 5 - 57。

图 5 - 57 检测标准设置

a) 自身密闭性压差:设置自身密闭性检测时压力值最大标准值。

b) 流量稳定时间:设置液阻检测时流量稳定时间。

c) 密闭性流量限制:设置进入系统密闭性检测时是否有流量限制。

d) 气液比体积显示:设置系统气液比检测时是否显示油气体积。

e) 适用标准选择:选择依据标准,选项包括国家标准和北京地方标准。

5. 电源管理

执行"⑧电源管理"菜单,进入电源管理界面,见图 5 - 58。

a) 背光方式:按"OK"键可以在自动方式和手动方式之间切换。

b) 背光时间:可以在(0 ~ 999) s 内任意设置。

c) 关机时间:可以在(0 ~ 999) min 内任意设置。

图 5-58　电源管理界面

6. 其他无需标定项目

a）文件管理：可分别对密闭性文件、液阻文件、气液比文件以及加油站信息文件进行全部删除的操作。

b）系统恢复默认：可把设置和校准值恢复到出厂状态。

c）密码设置：系统默认为"1997"，若需修改，可根据需要变更。

二、崂应 7005 型汽油运输油气回收检测仪标定

选择主菜单中"⑥管理"菜单按"OK"键，或直接按数字键盘"6"键，按提示输入密码（出厂密码为 1997）后，进入系统管理主界面，见图 5-59。在无校准装置的情况下建议用户不要随意修改其中的数据。

图 5-59　系统管理主菜单

1. 参数标定

执行"①参数标定"菜单，见图 5-53，可对压力、大气压、电池、温湿度进行标定。

注意:压力标定前需先调零。

(1)压力标定

a)阀打开,执行"①调零"菜单,待压力数值稳定在0,按"OK"键结束调零。

b)氮气进气阀打开,其他阀关闭,密封罐车连接口,连接检测仪氮气进气口和压力校准装置。

c)通过压力校准装置加5 kPa压力,记录检测仪显示压力值,按公式(5-9)计算新倍率。

d)执行"②压力"菜单,修改倍率。

e)通过压力校准装置加-1.5 kPa、+4.5 kPa压力,分别记录检测仪显示压力值,按公式(5-13)计算示值误差。

$$示值误差 = \frac{测量值 - 标准值}{10} \times 100\% \qquad (5-13)$$

f)若不合格需重新标定,直至合格为止。

(2)大气压标定

同崂应7003型。

(3)其他标定

同崂应7003型。

2.检测标准设置

设置检测仪使用时的检测标准及参数,见图5-60。

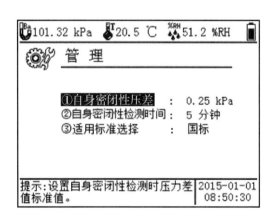

图5-60　检测标准设置

a)自身密闭性压差:设置自身密闭性检测时压力差值最大标准值。

b)密闭性检测时间:设置系统所有密闭性检测时间。

c)适用标准选择:选择依据标准,选项包括国家标准和北京地方标准。

3. 电源管理

执行"⑥电源管理"菜单,进入电源管理界面,见图 5 – 58。具体方法同崂应 7003 型。

4. 其他无需标定项目

a)文件管理:可分别对系统正压密闭性文件、管线阀门密闭性文件、系统负压密闭性文件以及油罐车信息文件进行全部删除的操作。

b)系统恢复默认:可把设置和校准值恢复到出厂状态。

c)密码设置:系统默认为"1997",若需修改,可根据需要变更。

第六节　仪器使用常见问题及解决方法

检测仪简单故障及排除方法见表 5 – 15。

表 5 – 15　检测仪简单故障及排除方法

故障现象	可能原因	排除方法
打开检测仪电源开关,显示屏无显示	检测仪电量不足	充电
数据输出时,显示移动设备故障	1)未插入移动设备; 2)移动设备无法识别; 3)新建目录错误; 4)新建文件错误; 5)文件输出错误; 6)其他未知错误	1)插入移动设备; 2)重新拔插移动设备; 3)更换移动设备; 4)返厂维修
检测仪自身密闭性检测不达标	漏气	检查管路连接
检测仪自身密闭性检测压力不能加到 1245 Pa 以上	1)阀 2 未开启; 2)其他阀未关闭; 3)管路连接漏气; 4)压力发生器漏气	1)打开阀 2; 2)用压力发生器快速加压到 1245 Pa 以上,关闭阀 2; 3)返厂维修

参考文献

[1]刘勇峰,吴明,吕露. 油气回收技术发展现状及趋势[J]. 现代化工,2011,31(3):21 – 23.

［2］中华人民共和国大气污染防治法［M］.北京:法律出版社,2015.

［3］GB 20950—2007 储油库大气污染物排放标准.

［4］GB 20951—2007 汽油运输大气污染物排放标准.

［5］GB 20952—2007 加油站大气污染物排放标准.

［6］HJ/T 431—2008 储油库、加油站大气污染治理项目验收检测技术规范.

［7］李巨峰,陈义龙,李斌莲,等.油气回收技术发展现状及其在我国的应用前景［J］.油气田环境保护, 2006,16(1):1－3.

第六章　大气降水检测仪器

第一节　仪器产生的背景

　　随着我国经济的迅猛发展,大量的工业废气和汽车尾气等有害气体被排放到空气中,给人类赖以生存的生态环境造成了极大的危害。其中的 SO_2 和 NO_x 溶解在降水中形成的酸雨越来越多。据有关研究结果:1995 年我国由于酸雨和 SO_2 污染造成的经济损失约为 1100 多亿元,已接近当年国民生产总值的 2%,成为制约我国经济和社会发展的重要因素。对酸雨的监测和防治势在必行[1]。

第二节　应用现状

　　为了改善酸雨污染的现状,我国政府在 1990 年通过了《关于控制酸雨发展的意见》,全国人大在 1995 年修订了《大气污染防治法》,专门针对酸雨问题作出了规定。1998 年国务院批复了酸雨和 SO_2 控制区的划分方案,要重点治理两控区内 SO_2 和酸雨的污染。2001 年 1 月东亚酸沉降监测网正式开始运行。

　　为了防止酸雨的污染,对酸雨的采样监测成为当务之急。我国降水采样器的研制起步于 20 世纪 70 年代,在采样器的研制、生产方面做了许多工作,取得了较大的发展,已有多种降水自动采样器产品问世。而我国现有环境监测仪器多是中小型企业生产,产品基本是中低档仪器,远不能适应我国环境监测工作发展的需要。其主要表现有:技术档次低,低水平和重复生产严重,规模效益差;产品质量不高,性能不稳定,一致性较差,使用寿命短,故障率高;研究开发能力较低,在线监测仪器的系统配套生产能力较低,不能适应市场的需要。

　　从欧美和日本等国的降水监测技术来看,我国降水自动采样器重点需要解决的问题是确保自动收集装置的性能,首先要确保感雨器的性能和统一规格;其次是试样的保存方法。另外,由于降水的成分比较复杂,实验证明在放置一段时间后,其电导率和 pH 等都会发生变化,因此目前所采用的整场式和分段式采样方法都很难真正反映出雨水的实际情况,所以发展多参数的降水自动监测仪来进行降雨过程的实时监测是我们今后的发展趋势。降水自动监测仪已在欧洲、美国、日本等国广泛应用,国内也有一些企业已研制生产出同类产品,并已应用于酸雨监测中。

第三节　湿沉降的采样与分析

一、降水采样

(一) 采样与现场监测

1. 监测点个数的确定

人口50万以上的城市布设3个点,50万以下的城市布设2个点。

2. 监测点位的选择和确定

点位选择和设立分为城区、郊区和清洁对照(远郊)三种。如果只设两个点,则设置城区和郊区点;宜以省为单位考虑清洁对照点。

监测点位的选择应有代表性,要考虑到点位附近土地使用情况基本不变。还应考虑点位周围地形特征、土地使用特征及气象状况(如年降水量和主导风向)。具体要求如下:

a)测点不应设在受局地气象条件影响大的地方,例如:山顶、山谷、海岸线等。

b)受地热影响的火山地区和温泉地区、石子路、易受风蚀影响的耕地、受到与畜牧业和农业活动影响的牧场和草原等都不适于选做监测点。

c)监测点不应受到局地污染源的影响。

d)监测点的选择应适于安放采样器,能提供采样器使用的电源,便于采样器的操作及维护。

e)郊区点除满足上述a)~d)项外,还应注意不要受大量人类活动的影响(如城镇),不受工业、排灌系统、水电站、炼油厂、商业、机场及自然资源开发的影响;距大污染源20 km以上;距主干道公路(500辆/d)500 m以上;距局部污染源1 km以上。

f)远郊点应位于人为活动影响甚微的地方,除满足上述a)~e)项外,还应距主要人口居住中心、主要公路、热电厂、机场50 km以上[2]。

3. 采样器放置点的选择及采样口离支撑面的高度

采样器的设置应保证采集到无偏向性的试样,应设置在离开树林、土丘及其他障碍物足够远的地方。宜设置在开阔、平坦、多草、周围100 m内没有树木的地方。也可

将采样器安在楼顶上,但周围 2 m 范围内不应有障碍物,具体的安放标准如下:

a)采样器与其上方的电线、电缆线等之间的距离应保证不影响试样的采集。

b)较大障碍物与采样器之间的水平距离应至少为障碍物高度的两倍,即从采样点仰望障碍物顶端,其仰角不大于 30°。

c)若有多个采样器,采样器之间的水平距离应大于 2 m。

d)采样器应避免局地污染源的影响,如废物处置地、焚烧炉、停车场、农产品的室外储存场、室内供热系统等,距这些污染源的距离应大于 100 m。

e)采样器周围基础面要坚固,或有草覆盖,避免大风扬尘给采样带来影响。

f)接样器应处于平行于主导风向的位置,干罐处于下风向,使湿罐不受干罐的影响。

g)采样器应固定在支撑面上,使接样器的开口边缘处于水平,离支撑面的高度大于 1.2 m,以避免雨大时泥水溅入试样中。

(二) 采样仪器

采样器宜选用自动采样器,如不能用自动采样器,可用手动采样器替代。

1. 自动采样器

自动采样器的基本组成是接雨(雪)器、防尘盖、雨传感器、样品容器等。防尘盖用于盖住接雨器,下雨(雪)时自动打开。崂应生产降水自动采样器及监测仪满足以下条件:

a)采样器的外观设计合理,下雨时落在防尘盖或仪器其他部位上的雨滴不会溅入接雨器内。

b)感雨传感器采用专利技术;最低感应降水强度 0.05 mm/min 或 0.5 mm 直径雨滴。

c)接雨漏斗恒温加热,具备融雪功能,能够防止雾、露水启动采样器,并融化雪和蒸发残留的湿沉降物。

d)接雨漏斗上口内径 $\phi(300 \pm 2)$ mm,与采样筒的高度一致,离支撑面 ≥1.2 m;为防止鸟落在传感器表面引起误动作,其上面应竖一针状金属物。

e)防尘盖必须在降雨(雪)开始 30 s 内打开,在降雨(雪)结束后 3 min 内关闭。

f)防尘盖内沿应加由惰性材料制成的垫子以防对样品造成污染;未降雨时防尘盖和接雨(雪)器之间要封闭严密,防止大气和气溶胶对样品的影响。

g)接雨(雪)器和样品容器由惰性材料制成,且易于清洗。

h)如果样品由接雨(雪)器流入样品容器,则连接接雨(雪)器和样品容器之间的管子由惰性材料硅橡胶管制成。

i）样品容器体积足够大，采样时遇到当地最大日降雨量也不会有样品溢出。

j）采样器对电源的适应性强，在(180～250)V电压范围内能正常工作。

k）采样器具有低温加热功能，能在当地极端气候条件下正常工作；采样器正常工作时，不会有漏电、短路等现象。

l）采样器的机械运转灵活，其内部的电机、传动机构、防尘盖等部件，必须材质好、精度高、配合紧密。

m）特殊设计的恒温箱储存样品；恒温箱存储温度默认4℃，(2～19)℃间任意设定。准确度：优于±1℃。

n）具备干沉降采样功能。降尘收集器上口内径ϕ(150±2)mm；离支撑面≥1.1m。

o）与整机集成的雨量计采雨口内径为ϕ(200±1)mm，雨量计测量最大降雨强度为4mm/min。降雨量≤10mm时，雨量计降雨量测量误差优于±0.4mm；降雨量＞10mm时，雨量计降雨量测量误差优于±4%。

p）电导率仪、pH计及雨量计一体化设计。pH测量范围0.00～14.00，优于±0.1；电导率测量范围(1.0～2000)μS/cm，优于±2%FS。

q）大数据量存储，存储降雨记录1000组数据。可通过微型打印机打印报表。

r）可选用无线传输功能，将采样的信息通过无线传输给电脑或手机终端。

（1）崂应5020型智能降水采样器(见图6-1)的优点

图6-1　崂应5020型智能降水采样器

a）采样器采用高速、低功耗微处理器，通过感雨器、温度传感器、行程开关、雨量计、电磁阀等来实现对降水过程的自动检测和数据采集，并能够显示监测仪的状态信息和查询降雨记录。采集的数据可以直接通过微型打印机打印输出，也可以通过USB

输出到 U 盘中,在计算机中保存处理。

b)采样过程:当感雨器感应到有降水时,开启计时器。如果在设置的开盖延迟时间内始终检测到有降水,则判定为真正降水,防尘盖自动打开并开始采样;如果在设置的开盖延迟时间内检测到降水停止,则停止计时,不把该次降水当作一次真正降水。在一次真正降水的过程中,如果降雨停止,感雨器未感应到降水,则开启计时器,在设置的关盖延迟时间内仍未感应到降水,则关闭防尘盖,本次降水采样结束。如果在设置的关盖延迟时间内又感应到降水则停止计时仍将此过程作为一次降水,直到降水结束。

c)采样的分段时间或分段雨量可以设定(默认为 8:00 或 100.00 mm),到达设定时间或雨量,更换为一个新文件,未到分段时间或分段雨量内的降水数据在同一文件内自动累加。采样器自动记录相关的信息,如:降雨开始时间、降雨结束时间、累计降雨时间、累计降雨量、降雨次数、环境温度等。

(2)崂应 5021 型智能降水监测仪(见图 6-2)的优点

图 6-2 崂应 5021 型智能降水监测仪

a)采样的分段时间或间隔时间可以设定(默认为 8:00 或 1 h),到达设定时间更换为一个新文件,未到分段时间或间隔时间内的降水数据在同一文件内自动累加。当降水量大于 0.4 mm 时,监测仪开始测量电导率和 pH,测量结束后自动保存电导率值(单位 μS/cm)和 pH 作为当天的数据。

b)监测仪自动记录相关的信息,如:降雨开始时间、降雨结束时间、累计降雨时间、累计降雨量,降雨的 pH、电导率等。

2.手动采样器

对于没有自动采样器的监测点,可进行手动采样。手动采样器一般由一只接雨

(雪)的聚乙烯塑料漏斗、一个放漏斗的架子、一只样品容器(聚乙烯瓶)组成,漏斗的口径和样品容器体积大小与自动采样器的要求相同;也可采用无色聚乙烯塑料桶采样,采样桶上口直径及体积大小与自动采样器的要求相同。

3. 称重天平

用于对所采集到的样品进行称量,天平的最大称样量不小于 15 kg,最小感量为 1g。

（三）采样时间和频率

下雨时,每 24 h 采样一次。若一天中有几次降雨(雪)过程,可合并为一个样品测定;若遇连续几天降雨(雪),则将上午 9:00 至次日上午 9:00 的降雨(雪)视为一个样品。

（四）采样记录

采样后应立即对样品进行编号和记录,具体内容如下:
a)采样点名称;
b)样品编号;
c)采样开始日期,结束日期,开始时间,结束时间;
d)样品体积或者重量;
e)湿沉降类型(雨、雪、冻雨、冰雹);
f)降雨(雪)量;
g)样品污染情况(明显的悬浮物、鸟粪、昆虫);
h)采样设备情况(运转正常/不正常);
i)当时的气温、风向;
j)采样人员临时观察到的情况(意外的环境问题、车辆活动);
k)监测点状况(监测点周围是否有异常,是否有新增的局地污染源等等);
l)其他(不寻常情况、问题、观测等);
m)采样人员签名。
样品记录应连同样品一起送到分析实验室。

（五）采样容器的准备和清洗

接雨(雪)器和样品容器在第一次使用前需用 10% (*V/V*)盐酸或硝酸溶液浸泡 24 h,用自来水洗至中性,再用去离子水冲洗多次,然后用少量去离子水模拟降雨,用离子色谱法检查模拟降雨样品中的 Cl^- 含量,若和去离子水相同,即为合格;或者测其电导率(EC),EC 值小于 0.15 mS/m 视为合格。倒置晾干后备用。

(六) 样品采集的基本步骤

a)洗净晾干后的接雨器安在自动采样器上,如连续多日没下雨(雪),则应(3~5)d 清洗一次。如果是手动采样,则应将清洗后的接雨(雪)器放在室内密闭保存,下雨 (雪)前再放置于采样点;如接雨(雪)器在采样点放置2h 后仍未下雨(雪),则需将接 雨(雪)器取回重新清洗后方可再用于样品采集。

b)雨(雪)后将样品容器取下,称重;去除样品容器的重量后得样品量,与同步监 测的降雨(雪)量进行比较。

c)取一部分样品测定 EC 和 pH,其余的过滤后放入冰箱保存,以备分析离子组 分。如果样品量太少(少于 50 g),则只测 EC 和 pH。

d)将接雨(雪)器和样品容器洗净晾干,以备下一次采样用。

如果采样点距离分析实验室较远,可考虑在采样点附近设立一简单小型的工作 间,上述操作均可在工作间完成。此外,样品保存的时间不可太久,从采样到分析,以 10 d 左右为宜,原则上不超过 15 d。

(七) 降水采样的 QA/QC 要求

为确保采样的质量,要求:

a)每月进行一次实际的平行采样与分析,各项分析结果的偏差不应大于10%。

b)样品量根据接雨(雪)器的口径换算成降雨量,将降雨(雪)量的计算值与雨量 计的测量值进行比较,计算值应在测量值的80%~120%之间。

c)应有专人负责检查各采样点的采样器,包括接雨(雪)器、样品容器、管道等是 否按规定清洗干净。检查方法:用 200 mL 已测 EC 值(λ_1)的去离子水清洗接雨(雪) 器、样品容器、管道等,然后再测其清洗液的 EC 值(λ_2)。要求:$(\lambda_2 - \lambda_1)/\lambda_1 < 50\%$; 同时检查去离子水质量,要求 EC <0.15 mS/m。

d)称样的天平应按规定定期送当地计量部门检定,在现场测量样品重量前,应用 已知重量砝码校正天平,或者使用自动可调整精度天平。

e)定期检查湿沉降自动采样器运转是否正常,主要确保传感器和连动盖子的开 启应达到要求;同时检查雨传感器的加热部分是否正常。

f)随时注意检查监测点周围发生的变动情况,如新的污染源、建筑工地等;做好记 录,及时上报。

g)手动采样时应确保降雨(雪)时及时放置接雨装置,雨(雪)停后及时取回雨 (雪)样,以防干沉降对湿沉降样品的影响。

h）采样记录应完整、准确。

二、样品的管理

（一）样品的过滤

用0.45 μm的有机微孔滤膜作过滤介质。该膜为惰性材料，不与样品中的化学成分发生吸附或离子交换作用，能满足过滤样品的要求。

（二）滤膜的前处理

滤膜在加工、运输、保存等过程中可能会沾污少量的无机物，会对样品带来影响。因此使用前应将滤膜放入去离子水中浸泡24 h，并用去离子水洗涤3次后晾干，备用。

三、样品的处置

（一）样品分析前的测定及处理

取下的样品首先称重，然后取一部分测定EC和pH，其余的过滤后保存。

（二）样品的标识与记录

在样品瓶的标签上记录下样品编号和采样时间，同时在采样记录本上作采样记录；样品瓶上的编号要与记录本上的编号对应一致。

（三）样品存放容器材质要求

保存湿沉降样品的容器宜用无色聚乙烯塑料瓶，不得与其他地表水、污水采样瓶等混用。塑料瓶的清洗要求与接水容器相同，样品存放时要拧紧瓶盖。

（四）样品保存与运输要求

样品在送到分析实验室前应在（3～5）℃冷藏。当样品不能用冰箱保存时，可使用防腐剂，推荐使用百里酚（2－异丙基－5－甲基酚），按400 mg百里酚（分析纯）和1000 mL样品的比率投加。

（五）样品交接的要求

外场采样人员将样品交给实验室分析人员的过程中，应有交接记录，并在交接双方认可后签字。交接时要注意检查核对样品编号与采样记录是否一致。

（六）样品管理的 QA/QC 要求

1. 样品瓶的清洗

样品瓶在第一次使用前需用 10%（V/V）盐酸或硝酸溶液浸泡 24h，用自来水洗至中性，再用去离子水（EC 值在 25℃时应小于 0.15 mS/m，）冲洗多次，然后加少量去离子水振摇，用离子色谱法检查水中的 Cl^- 含量或测其 EC，若 Cl^- 含量低于仪器检出限或 EC 小于 0.15 mS/m，即为合格。将样品瓶倒置晾干后盖好，保存在清洁的橱柜内。

2. 样品的运输

为保持样品的化学稳定性，应尽量减少运输时间，并保证样品在运输期间处于低温状态（3 ~ 5）℃，或用防腐剂保存样品。样品运送过程中，应避免样品溢出和污染。

3. 样品保存的空白实验

每月均做两个空白样品以检验样品的管理情况。方法如下：取两个样品瓶装入去离子水，与雨样进行同步处理（放入冰箱或加防腐剂、同步运输等）、同时进行离子组分的分析，其分析结果应与分析去离子水相同。否则，应检查去离子水是否合格、样品瓶的清洗是否达到要求、样品瓶盖是否严密等。

四、样品的分析

（一）分析项目

酸沉降监测的测定项目有：EC，pH，SO_4^{2-}，NO_3^-，F^-，Cl^-，NH_4^+，Ca^{2+}，Mg^{2+}，Na^+，K^+，降雨（雪）量等。各级测点对 EC、pH 两个项目，应做到逢雨（雪）必测，同时记录当次降雨（雪）的量；对其他监测项目，在当月有降雨（雪）的情况下，国家酸雨监测网监测点应对每次降雨（雪）进行全部离子项目的测定，尚不具备条件的监测网站每月应至少选一个或几个降水量较大的样品进行全部项目的测定。

各测点可根据需要选测 HCO_3^-，Br^-，$HCOO^-$，CH_3COO^-，PO_4^{3-}，NO_2^-，SO_3^{2-} 等。

（二）分析的要求

1. 分析的实验室条件要求

实验室必须具备相应的实验条件，电源、温度、湿度等都必须符合分析项目及所用仪器的要求。

2. 分析的仪器要求

分析仪器的灵敏度、检出限等必须符合所分析项目的要求，仪器设备应按规定检定，并在有效期内使用。用于准确测量的玻璃器皿（如容量瓶、移液管等）应符合相应的精度要求并定期进行检定。

3. 分析的试剂及用水要求

实验室用水应严格按照 GB 6682—86《实验室用水规格》中规定的三个等级净化水的要求,根据不同的用途和不同的分析项目选用不同等级的实验用水。试剂、标准溶液应按规定配制、标定,并在规定的时间内使用。

4. 分析的操作要求

分析人员根据分析项目确定相应的分析方法,具体操作时应严格按照相应的分析实施步骤开展分析工作;涉及到分析仪器的使用时,也应严格按照相应的仪器操作规程进行仪器操作。

5. 分析人员的要求

分析人员应持有相应分析项目的技术考核合格证,并按规定定期复查。

6. 分析记录的要求

原始记录一律按要求用钢笔或签字笔填写,不得随意涂改;修改数据时,应在要修改的数据上画一条横线并加盖记录人的印章或签字,修改后的数据写在原始数据的右上方,同时保留原数据字迹清晰可辨;原始记录必须有分析人、校对人、实验室负责人审核签字。

（三）分析方法

湿沉降 EC、pH 以及离子成分的测定,全部采用标准分析方法或国际通用分析方法,如表 6-1。

表 6-1　分析方法一览表

监测项目	分析方法	标准号
EC	电极法	GB 13580.3—1992
pH	电极法	GB 13580.4—1992
SO_4^{2-}	离子色谱法	GB 13580.5—1992
	硫酸钡比浊法	GB/T 13580.6—1992
	铬酸钡 - 二苯碳酰二肼光度法	GB/T 13580.6—1992
NO_3^-	离子色谱法	GB 13580.5—1992
	紫外光度法	GB 13580.8—1992
	镉柱还原光度法	GB 13580.8—1992
Cl^-	离子色谱法	GB 13580.5—1992
	硫氰酸汞高铁光度法	GB 13580.9—1992

续表

监测项目	分析方法	标准号
F^-	离子色谱法 新氟试剂光度法	GB 13580.5—1992 GB 13580.10—1992
K^+、Na^+	原子吸收分光光度法 离子色谱法	GB 13580.12—1992 HJ/T 165—2004 附录 B
Ca^{2+}、Mg^{2+}	原子吸收分光光度法 离子色谱法	GB 13580.13—1992 HJ/T 165—2004 附录 B
NH^{+4}	纳氏试剂光度法 次氯酸钠 – 水杨酸光度法 离子色谱法	GB 13580.11—1992 GB 13580.11—1992 HJ/T 165—2004 附录 B

阴离子的分析建议用离子色谱法；金属阳离子的分析建议用离子色谱法或原子吸收分光光度法；NH_4^+的分析建议用离子色谱法或纳氏试剂光度法。

（四）实验室环境条件监控与记录要求

1. 实验室环境条件的监控

每次分析前都应检查实验室的环境条件，如有无酸碱气体，实验室的温度、湿度等是否符合仪器要求，并做好相应的记录。

2. 实验记录要求

每次进行实验（分析）时，均应做好以下记录：

a）实验（分析）用水的 EC 值记录；

b）配制标准溶液的详细记录；

c）实验室条件的详细记录；

d）实验（分析）仪器的条件、有关参数等的详细记录；

e）实验（分析）结果的原始记录；

f）实验（分析）结果上必须有实验（分析）人员、校对人员、审核人员等的签名。

（五）原始记录与分析结果的表示

a）原始记录如谱图或记录到计算机硬盘上的数据应妥善保存，以便查阅。

b）雨水中各离子的浓度用 mg/L 表示，雨水的 EC 值用 mS/m 表示。

（六）样品分析的 QA/QC

1. 测试仪器

a) 实验室内所用的 pH 计、电导仪、分析天平、分光光度计、原子吸收分光光度计、离子色谱仪、各类玻璃量器等按规定定期送当地计量部门检定，严禁使用不合格的测试仪器。

b) 测试人员应备有所使用测试仪器的说明书，便于随时查阅。

2. 测试分析用水

配制标准溶液或缓冲溶液应用二次去离子水，EC 值在 25 ℃时应小于 0.15 mS/m，pH 在 5.6~6.0 之间。配好的溶液储于聚乙烯瓶中，有效期 1 个月。

3. 实验室空白实验

a) 除 EC 值和 pH 外，所有离子成分分析项目在每次测定时均应带实验室空白，实验室空白的分析结果应小于各项目分析方法的检出限。每分析 10 个样品做一空白分析，结果合格后才能继续分析样品。如果实验室空白的分析结果达不到要求，则不能继续进行分析，而且这以前的 10 个样品也应重新进行分析。

b) 每季度测定一次从采样到样品过滤等操作的全程序空白试验，所检测离子浓度结果应不大于该离子分析方法的检出限。

4. 工作曲线及线性检验

进行离子组分分析时，要求每批样品分析前先绘制工作曲线，其相关系数绝对值≥0.999，否则要查找原因，重新制作工作曲线。用离子色谱法进行离子组分分析时，阴离子工作曲线要求至少四个浓度点，各点浓度值的确定以当地湿沉降的各阴离子平均浓度为依据；阳离子工作曲线要求至少五个点，各点浓度值的确定以当地湿沉降的各阳离子的平均浓度为依据。

5. 密码样(质控样)的分析

每分析一批样品时，均要求对各离子的密码样进行分析，如果分析结果不合格，则不能进行样品的分析。

6. 仪器稳定性检验

(1) pH 计和电导仪的稳定性检验

pH 计(电导仪)校正完毕后，应测定一已知溶液的 pH(EC) 值，要求测定值与真值相差不超过 ±0.02(±0.1%)，否则应重新校正 pH 计(电导仪)；如果合格则可进行样品的测定。样品测定完毕后，再一次测定这一已知溶液的 pH(EC) 值，如果合格，则可认为此批样品的测定结果有效；否则，需重新进行 pH 计(电导仪)的校正并对样品重新进行测定。如果样品个数比较多，则应在每测定 10 个样品后测定一已知溶液，合格则继续;如果不合格,则必须重新进行 pH 计(电导仪)的校正,并且此前 10 个样品的测定结果无效,需重新测定。

(2)离子组分分析时仪器的稳定性检验

进行离子组分分析时,每分析 10 个样品,应分析一已知标准溶液,其分析值与标准值相差不大于 5%,否则应重新做工作曲线,并且这以前的 10 个样品也应重新进行分析。

7. 加标回收率的测定

每次样品分析时,应随机抽取 10% 的样品进行加标回收率测定,加标量为样品中原物质量的 0.5 ~ 2 倍。要求加标回收率的范围为 85% ~ 115%,用离子色谱分析阳离子,其加标回收率合格范围可放宽为 80% ~ 120%。

8. 准确度和精密度控制

(1)精密度控制

凡可以进行平行双样分析的测定项目,在样品分析时,要求做 10% 的平行双样。平行双样实验室内最大偏差应在允许范围内(如表 6 - 2)。

表 6 - 2　平行双样测定值的精密度和准确度允许差

项目	样品含量范围/(mg/L)	精密度/%		准确度/%			适用的监测分析方法
		室内	室间	加标回收率	室内相对误差	室间相对误差	
pH	1 ~ 14	±0.04	±0.1				玻璃电极法
EC/(mS/m)	>1	0.3	1.0				电极法
SO$_4^{2-}$	1 ~ 10	±10	±15	85 ~ 115	±10	±15	铬酸钡光度法、硫酸钡比浊法、离子色谱法
	10 ~ 100	±5	±10	85 ~ 115	±5	±10	
NO$_3^-$	<0.5	±10	±15	85 ~ 115	±10	±15	离子色谱法、紫外分光光度法
	0.5 ~ 4.0	±5	±10	85 ~ 115	±5	±10	
Cl$^-$	<1.0	±10	±15	85 ~ 115	±10	±15	离子色谱法
	1 ~ 50	±10	±15	85 ~ 115	±10	±15	
NH$_4^+$	0.1 ~ 1.0	±10	±15	85 ~ 115	±10	±15	纳氏试剂光度法、次氯酸钠水杨酸光度法、离子色谱法
	>1.0	±10	±15	85 ~ 115	±10	±15	
F$^-$	≤1.0	±10	±15	85 ~ 115	±10	±15	离子选择电极法、离子色谱法
	>1.0	±10	±15	85 ~ 115	±10	±15	
K$^+$、Na$^+$ Ca^{2+}、Mg^{2+}	1 ~ 10	±10	±15	85 ~ 115	±10	±15	原子吸收分光光度法、离子色谱法
	10 ~ 100	±5	±10	85 ~ 115	±5	±10	

（2）准确度控制

实验室内的准确度控制,应通过质控样进行。质控样的室内最大相对误差应在允许范围内。还可采用加标回收率测定作为准确度控制手段,各项目加标回收率应在合格范围内。

第四节　仪器使用常见问题及解决方法

崂应 5020 型智能降水采样器和崂应 5021 型智能降水监测仪简单故障及排除方法如表 6 - 3。

表 6 - 3　检测仪简单故障及排除方法

故障现象	可能原因	排除方法
打开监测仪电源开关,显示屏无显示	1)电源未接通; 2)空气开关未合上	1)接通 220 V 电源; 2)合上空气开关总闸
下雨时监测仪不开盖	1)电机故障; 2)感雨器故障	1)更换电机; 2)更换感雨器
无雨时监测仪自动开盖	感雨器表面有污物	定期清洗感雨器表面
环境满足加热条件,监测仪不加热	1)系统设置加热停止; 2)直流供电	1)进入系统维护,设置加热模式为"自动"; 2)直流供电时,仅感雨器加热,其他加热需 220 V 交流供电
清洗泵不运转	清洗泵卡住	维修清洗泵
pH、EC 系统故障	1)电极或表头故障; 2)信号通讯故障	1)维护电极或表头; 2)检查信号线连接
无线通讯故障	1)通讯模块内未安装 SIM 卡或 SIM 卡欠费; 2)无线模块初始化失败	1)安装 SIM 卡或及时给 SIM 卡充值; 2)重新启动
插入 U 盘后仍显示"请插入 U 盘!"或输出后 U 盘内无数据	监测仪不能识别 U 盘	将 U 盘格式化(FAT32 格式)或更换 U 盘
打印无数据或不打印	1)打印纸装反; 2)打印机设置不正确	1)打印纸翻转,光面朝上; 2)参照打印机使用说明书

第五节 仪器的校准

一、外观检查

a)降水采样器或监测仪(以下简称仪器)的明显位置应有产品铭牌,铭牌上应有仪器名称、型号、生产厂名称、出厂编号及生产日期。

b)仪器应完好无损,无明显缺陷,各零部件连接可靠,各操作键、钮灵活有效。重点关注:

①接雨漏斗内过滤网应安装正确,下方无毛刺。

②恒温箱不缺底脚,且箱内管路齐全,连接顺畅。

③进行数据传输的 USB 插口应安装平整无歪斜。

④检查装箱单所配附件,逐一核对,不应有缺。

c)仪器面板及主机箱表面不得有锈蚀和损伤,各印制部分清楚可见,涂色牢固;显示屏显示清晰,不缺划、无擦痕,无影响读数的缺陷。

d)降雨时落在仪器防尘盖或其他部位的雨滴不会溅入接雨漏斗或采样桶中。

e)仪器的固定装置能够将其稳固地固定在支撑面上,具有一定的防风能力。

二、安全性能

1. 导线防水性

仪器选用防水导线,电源总开关及插座与仪器之间连接牢固,无松动,且不受雨淋影响。

2. 绝缘电阻

在模拟降雨状态下,仪器断电并使电源开关处于打开状态。用兆欧表测量电源输入端子与机壳任意金属部件之间的绝缘电阻,不低于 5 MΩ 时绝缘电阻合格,否则判为不合格。

3. 绝缘强度

淋雨状态下,仪器电源输入端对机壳之间能承受 50 Hz、1500 V 工频交流电压,历时 1 min,无强烈飞弧和击穿现象。

4. 漏电保护

在通电的情况下,使漏电保护器的输出端接地,检查仪器应有保护功能。

5.电源适应性

使用调压器将仪器供电电压调节为 AC 180 V 和 AC 250 V,观察仪器应能正常启动、工作。分别在 AC 180 V 和 AC 250 V 两种状态下检测感雨器和起始监测降雨量,应能够达到相应的技术指标要求,否则判为不合格。

三、基本功能

1.按键锁功能

仪器在主界面且 1 min 内无按键操作便自动上锁,主界面有形似小锁的图标显示,上锁后进行按键操作无效。解锁方法:连续按"确定"-"取消"-"确定"键。若加锁、解锁灵活有效,则判断按键锁功能合格,否则判为不合格。

2.故障检测

确认仪器连线正确后,打开电源开关,仪器进行开机自检(开机自检前请确认仪器程序为最新版本)。若自检未发现异常则自动进入主界面,仪器故障检测功能合格;若自检完成发现问题将会在屏幕上提示错误信息,此时仪器判为不合格。

具体提示信息如表 6-4。

表 6-4　故障提示对照表

错误提示信息	故障原因
温度	温度传感器异常
时钟	日历时钟芯片异常
电机	电机或行程开关出现故障
存储器	数据降雨记录的存储器异常
无线	无线通信异常
pH EC 系统	pH 电导率测量系统异常

系统主界面有故障检测选项,其功能与开机自检功能相同,可在仪器运行过程中(无雨、采雨状态下)进行反复检测。此时自检未发现异常则显示"仪器无故障",1 min 内无按键操作自动返回主界面。

注:若无线模块未插入 SIM 卡则显示无线故障。

3.恢复初始设置

密码"1997"进入系统维护菜单,选择恢复设置选项,应能正常进行设置,操作顺利完成后参照调试记录,逐项对照调试指标与仪器内显示指标。若准确一致,则此项合格;若不一致,则与生产部门联系确认更改,然后密码重复输入三次"0895"备份。

4.防尘盖工作

在无雨状态下,防尘盖与接雨漏斗间应压合紧密、均匀、无缝隙。开、关盖时防尘盖动作平稳、灵活,无卡死现象和因摩擦产生的响声。

5. 数据查询、打印及传输

(1)数据保存查询

仪器显示正常的工作状态,在场次模式下模拟降雨,到达分段时刻后进入主菜单中数据查询选项,应能查询到模拟降雨的降雨次数、累计雨量等信息。以此方法检测其他工作模式,查看各项数据应正确保存,工作模式标示符号与模拟降雨时的模式类型完全对应。

仪器在采雨状态下,进入数据查询选项,输入文件号"0000",应能查看到当前的采样信息。

如果以上情况操作顺利、结果一致,则仪器数据保存查询合格,否则判为不合格。

(2)数据打印

连接好打印机应能正常打印采样数据,且打印数据与仪器显示数据一致。若一切正常打印功能合格,否则判不合格。未接打印机时启动打印选项,仪器应显示"打印机连接故障"。

(3)数据传输

通过 USB 接口应能正常输出采样数据,且输出数据与仪器显示数据一致。若输出正常、数据一致则合格,否则判为不合格。

6. 感雨系数

进入主菜单的系统信息选项,分别在无雨和有雨时观察仪器显示的感雨系数值。在无雨时感雨系数应不大于 0.3;在有雨时感雨系数应高于 2.0。若系数变化符合上述要求的感雨器为合格,否则判为不合格。

7. 雨量计流路密封性

在有雨状态并且雨量计流路充分浸润情况下,人工模拟 4 mm/min 雨强的降雨(即防尘盖开启后 1 min 内均匀的向雨量计锥注入 125 mL 蒸馏水),观察雨量计锥下方与仪器接口处不应有漏雨现象,仪器显示界面中累计雨量读数应为 4 mm 左右(不超过 ±0.4 mm)。若无漏雨且读数正常,则雨量计流路密封性能合格,否则判为不合格。

8. 断电记忆功能

在仪器采雨过程中关闭电源,5 s 后开机,仪器应显示断电前采雨信息。若显示正常则断电记忆功能合格,否则判为不合格。

9. 开关量输出

开关量输出是反映仪器能否感应有雨和防尘盖开关情况的功能。开关的 1、2 脚(橙黄色信号线)输出感雨信号,在有雨时导通;3、4 脚(黑色信号线)输出防尘盖开关信号,在开盖时导通。

将开关量输出信号线插到数据传输插座内左边接口处,万用表功能旋转开关转至
╫·◈挡(通断测试功能挡)进行检测,共分四种情况:

a)仪器处于无雨状态,防尘盖关闭:用万用表的两表笔分别短接两根黑色接头和两根橙黄色接头,蜂鸣器都无报警。

b)仪器处于有雨状态,但防尘盖还未打开:用万用表的两表笔短接橙黄色导线,蜂鸣器有报警;短接黑色接头无报警。

c)仪器处于有雨状态防尘盖也已打开:用万用表的两表笔短接黑色导线和橙黄色导线蜂鸣器都有报警。

d)仪器已感应无雨但防尘盖还未关闭:用万用表的两表笔短接橙黄色导线,蜂鸣器无报警,短接黑色导线有报警。

以上项目检测通过后,才继续其他检测项目。

四、防尘结构及材料检测

1. 污染增量

将接雨漏斗及流路清洗干净并堵住接雨漏斗出口。将蒸馏水和pH 4.01的溶液按体积比83∶1比例配置250 mL的溶液,倒入仪器漏斗中。从接雨漏斗中取出少量溶液测量溶液的电导率k_1、温度t_1、pH_1。然后将接雨漏斗及整个流路清洗干净,密封,仪器处于关盖状态。在市镇环境下自然暴露5 d,仍按上述方法配置250 mL溶液,倒入仪器接雨漏斗中,从接雨漏斗中取出少量溶液测量其电导率k_2、温度t_2、pH_2。将两次测量的电导率、pH结果通过温度修正后(t_1、t_2)进行比较(青岛崂山应用技术研究所出产的监测仪电极附带温度补偿功能,因此可直接将测量结果比较)。其中电导率值相差不超过0.5 mS/m,pH相差不超过0.05为合格,否则判为不合格(请注意电导率单位的换算,青岛崂山应用技术研究所出产的监测仪电极显示电导率有时出现μS/cm作为电导率单位)。计算见公式(6−1)和公式(6−2)。

$$\Delta k = k_2 - k_1 \quad (\Delta k \leqslant 0.5 \text{ mS/m}) \tag{6−1}$$

$$\Delta pH = pH_2 - pH_1 \quad (\Delta pH \leqslant 0.05) \tag{6−2}$$

2. 材料检测

将采样桶清洗干净,然后按蒸馏水和pH 4.01溶液的体积比为83∶1配置大约采样桶体积1/3的溶液,倒入到采样桶中,取出少量溶液测量其电导率k_1、温度t_1和pH_1。测量后将采样桶密封使溶液不与大气接触,放置24 h。再重新测量溶液的电导率k_2、温度t_2和pH_2。将两次测量的电导率、pH结果通过温度修正后(t_1、t_2)进行比较(青岛崂山应用技术研究所出产的监测仪电极附带温度补偿功能,因此可直接将测量结果比较)。其中电导率值相差不超过 0.5 mS/m,pH 相差不超过 0.05 为合格,否则判为不合格(请注意电导率单位的换算,青岛崂山应用技术研究所出产的监测仪电极显示电导率有时出现 μS/cm 作为电导率单位)。计算公式同污染增量的计算公式。

将接雨漏斗出水口堵住,然后按照上述方法检测接雨漏斗。

五、接雨漏斗

1. 上口高度

接雨漏斗的开口边缘应处于水平,其边缘离支撑面高度大于 1.2 m 为合格,否则判为不合格。

2. 内径测量

接雨漏斗上口内径应不小于 300 mm(青岛崂山应用技术研究所出产的监测仪接雨漏斗设计内径为 300 mm)。在接雨漏斗上口圆周上均布五个点作为测量点,取五个点的平均值作为接雨漏斗内径的值,记为 $\overline{D}$。内径误差 Δd 不超过 ±2 mm 为合格,否则判为不合格。计算见公式(6-3)和公式(6-4)。

$$\overline{D} = \frac{\sum_{i=1}^{n} D_i}{n} \tag{6-3}$$

式中:$\overline{D}$——n 次测量结果均值,mm;

n——测定次数;

D_i——第 i 次的内径测量值,$D_i \geqslant 300$ mm,mm。

$$\Delta d = \overline{D} - 300 \tag{6-4}$$

式中:Δd——内径误差,$|\Delta d| \leqslant 2$ mm,mm。

六、感雨器

1. 感雨灵敏度

使仪器处于测量状态,用微量注射器吸取 2 μL 的水,在距感雨器 50 mm 的上方射向感雨器,在 30 s 内重复 3 次。若防尘盖能够打开,则感雨器灵敏度合格,表明最低能够感应到降雨强度为 0.05 mm/min 或者直径为 0.5 mm 的雨滴,否则判为不合格。

2. 蒸发加热温度

感雨器应具有加热装置以防止雾、露水等对感雨测量造成的影响,感雨器温度应能达到 50 ℃。检测时,在感雨器表面上选取三个在同一水平面且互成角度相同的位置点,用点温计测量三个位置的加热温度,计算其平均值作为感雨器加热装置表面的温度,误差在 ±3 ℃ 为合格,否则判为不合格。

3. 开关盖时间

先将系统维护中开盖和关盖延迟时间均设为 0 s。

开盖延迟时间:在 10 s 内向感雨器重复滴 3 滴水,用秒表记录从最后 1 滴水接触感雨器到防尘盖完全打开的时间,应不超过 60 s。

关盖延迟时间:用上述滴水法使防尘盖打开,用秒表记录从最后 1 滴水接触感雨器到防尘盖完全关闭的时间,不应超过 5 min。

若防尘盖能在要求时间内进行完整的开、关盖则为合格,否则判为不合格。

青岛崂山应用技术研究所生产的仪器开盖延迟时间出厂设置为 10 s,关盖延迟时间出厂设置为 120 s,此项目检测完毕后应重新恢复为出厂设置时间。

七、功能检测

进行以下检测前,监测仪应注满保护液及清洗液。

（一）工作模式

1. 崂应 5020 型采样器

将工作模式分别设为场次、时间、雨量、综合模式,人工模拟降雨,使仪器感应有雨。若同时满足以下各模式所叙述的检测要求,则判定工作模式检测合格,若其中任一项不符合,则判为不合格。

（1）场次模式

设置采样分段时刻。修改系统时间至预设时间前几分钟,当系统时间到达预设时间时,累计时间及累计雨量应清零,并且形成一个采样文件,同时系统应自动关闭当前采样桶的电磁阀,打开下一个采样桶的电磁阀,雨水顺着流路自动存储到下一个采样桶中。若 24 h 内无降雨则采样器不进行换桶操作也不形成文件。

（2）时间模式

设定分段时刻。修改系统时间至预设时间前几分钟,当系统时间到达预设的时间时,系统应自动关闭当前采样桶的电磁阀,同时打开下一个采样桶的电磁阀,雨水顺着流路自动存储到下一个采样桶中,并形成一次采样文件。（无论是否降雨）

（3）雨量模式

设定分段雨量。使雨量计感应的雨量到达预设的雨量,系统应自动关闭当前采样桶的电磁阀,同时打开下一个采样桶的电磁阀,雨水顺着流路自动存储到下一个采样桶中,并形成一次采样文件。（有降雨）

（4）综合模式

设定分段时刻及分段雨量。模拟降雨,此时若满足以下任一条件:

a)系统时间到达预设的时间。

b)雨量计感应的雨量到达预设的雨量。

系统应自动关闭当前采样桶的电磁阀,同时打开下一个采样桶的电磁阀,雨水顺着流路自动存储到下一个采样桶中,并形成一次采样文件。

2. 崂应 5021 型监测仪

将工作模式分别设为场次、在线模式,人工模拟降雨,使仪器感应有雨。若同时满足以下各模式所叙述的检测要求,则判定工作模式检测合格,若其中任一项不符合,则判为不合格。

(1)场次模式

设置采样分段时刻,修改系统时间至预设时间前几分钟,当系统时间到达预设时间时,累计时间及累计雨量应清零,并形成一个采样文件,同时系统应自动关闭当前采样桶的电磁阀,并打开下一个采样桶的电磁阀,使雨水顺着流路自动存储到下一个采样桶中。若 24 h 内无降雨则监测仪不进行换桶操作也不形成文件。

场次模式下 pH 和电导率一天测量一次,当降雨量大于 0.4 mm 时才开始测量,EC、pH 测量状态在主界面应有相应的显示。

(2)在线模式

可进行时时采样,此模式不涉及换桶。设置采样间隔时间,观察到达间隔时间时累计时间及累计雨量应清零,数据查询中应有文件生成。若 24 h 内无降雨,则监测仪不应形成文件。

在线模式下 pH 和电导率每天测量一次,当降雨量大于 0.4 mm 时开始测量,EC、pH 测量状态在主界面应有相应的显示。若测量后一直无降雨,则到达场次模式预设的分段时间时,系统应自动排清洗液、注保护液。

(二)温度控制

在温度控制检测中,包括对环境温度、机内温度、采雨漏斗、雨量计锥和试液温度的检测。(注:崂应 5020 型采样器无需检测试液温度控制)

首先进入系统维护将加热控制选择停止,检查应都无加热现象;将加热控制选为连续,检查应都出现加热现象且持续不断;当加热控制选择自动时,加热功能会根据环境温度和加热温度等条件由仪器自动控制,具体如下。

当环境温度低于 5 ℃且雨量计、试液以及采雨漏斗的感应温度分别低于 20 ℃时,控制装置将对雨量计、试液、采雨漏斗进行加热。如果环境温度高于 5 ℃或温控温度高于 50 ℃则停止温控加热。当环境温度低于 5 ℃且机内感应温度低于 10 ℃时,加热控制装置将对机内进行加热,如果环境温度高于 5 ℃ 或机内温度高于 20 ℃ 时停止机内加热。

检测时,首先进入系统维护修改各温度传感器零点,使环境温度低于 5 ℃,使雨量计加热和采雨漏斗温度低于 20 ℃,用手触碰,应感应到处于加热状态。其次修改机内温度零点使机内温度值低于 10 ℃,主机箱所在腔后方的加热块应发热且加热块上方风扇应正常启动。也可观察系统信息内显示的各温度,应有所升高。若以上操作均可实现,则判断温控合格,否则判为不合格。

(三) 电磁阀检测(自动排液)

1. 自动排液时电磁阀检测

自动排液功能是为了排出电导率池、pH 测量池、雨量计管路中的液体及保护液和清洗液。正常检测状态时,选中主菜单中的自动排液选项,则与保护液、清洗液、电导率池、pH 测量池相对应的电磁阀应打开,但雨量计下方电磁阀闭合。因出厂前需要将雨量计内液体排净,可在开机上电 1 min 内选择自动排液选项,此时雨量计下方电磁阀打开,可将雨量计内液体全部排出。崂应 5020 型采样器自动排液功能是为了排出管路及雨量计中的液体,只检测雨量计对应的电磁阀的工作情况。进行自动排液时,仪器整个排液过程应顺畅、各电磁阀工作应正常,若任意一个电磁阀工作不正常则判定为不合格。

2. 恒温箱内电磁阀检测

首先进入主菜单中系统维护选项,将有效采样桶依据所检仪器配备采样桶个数设置,工作模式改为场次模式,接通恒温箱信号线,人工模拟一场降雨,使累计雨量达到 0.4 mm,并持续向接雨漏斗中降水,同时进入主菜单中系统设置选项,更改当前采样桶,则恒温箱内相应电磁阀应工作,即观察接雨漏斗中的水应能正确流入当前采样桶内,且在更换采样桶后水流随即切换自如,电磁阀无明显泄漏。若任意一个电磁阀工作不正常则判定为不合格。

3. 监测仪 pH、EC 测量时电磁阀检测

人工模拟降雨,当降雨量达 0.4 mm 时,雨样从接雨漏斗内流入电导率测量池,电导率下方电磁阀闭合,与 pH 测量池连接的电磁阀也闭合,与此同时打开 pH 测量池底部的电磁阀,原 pH 测量池中的保护液被排出。底部电磁阀关闭后清洗液处电磁阀打开,向 pH 测量池中注入清洗液。待清洗液注入至液位传感器指定位置停止注清洗液。小泵启动,对 pH 测量池进行吹气清洗,清洗的同时 pH 测量池底部电磁阀打开,清洗液被排出测量池。清洗结束后测量池底部电磁阀关闭,注雨水,电导率与 pH 测量池间电磁阀打开,进行 pH 测量,测量完毕后保护液处电磁阀打开,向 pH 测量池注入新鲜保护液。注液至液位传感器指定位置后停止注液,保护液处电磁阀关闭,观察仪器整个排液过程应顺畅、各电磁阀应工作正常,若任意一个电磁阀工作不正常则判定为不合格。

注:以上针对电磁阀检测时注意电磁阀不应漏雨。

（四）恒温箱

恒温箱应具有温度调节功能,更改恒温箱温度设置观察显示温度应与设定温度一致。

雨样存储温度应为(3～5)℃(青岛崂山应用技术研究所出产的监测仪恒温箱默认温度设定在4℃)。选择4℃作为检测点,将点温计置于恒温箱内,当恒温箱显示温度稳定在4℃时,读取点温计测量示值,重复测量三次,将其平均值作为标准温度,恒温箱显示温度与标准温度之差不超过±1℃时恒温箱温控合格,否则判为不合格。

（五）直流电

用24 V直流电源箱供电,检测仪器各项功能应正常,供电电压应正确,若仪器正常工作,则判定为合格,否则判为不合格。

八、起始监测降雨量

监测仪在累积降雨量达到起始监测降雨量时,开始测量雨水的 pH 和电导率值。具体检测方法如下。

首先用蒸馏水将雨量计整个流路清洗,防止杂质以及检测时出现的水滴挂壁现象对整个检测的干扰。其次进入系统设置选择清除当前数据,通过清除将监测仪累计雨量清零。通过人工降雨法使监测仪感应有雨并打开防尘盖,此过程应保持时间较长保证整个测量能够完整进行。用20 mL 的精密量筒或注射器装满蒸馏水,记下原始刻度V_1,缓慢并均匀的将量筒或注射器中的水注入雨量计锥。当听到电磁阀启动监测仪开始执行 pH 和电导率值测量的同时停止注水,观察并记录下量筒或注射器中剩余的蒸馏水体积,记为V_2。则可认为起始监测降雨体积$V = V_1 - V_2$。按公式(6-5)计算得出起始监测降雨量H。

$$H = \frac{10V}{\pi \times r^2} \qquad (6-5)$$

式中:H——起始监测降雨量,mm;

V——起始监测降雨体积,mL;

　　π——取 3.14；

　　r——雨量计漏斗圆口半径，cm。

　　计算得出的起始监测降雨量 H 不大于 0.5 mm 起始监测降雨量合格，否则判为不合格。青岛崂山应用技术研究所出产的监测仪起始监测降雨量设定值为 0.4 mm。

九、降雨量测量误差

　　仪器感应有雨，首先用适量蒸馏水将雨量计整个流路清洗浸润，防止杂质以及检测时出现的水滴挂壁现象对整个检测的干扰。其次进入系统设置选择清除当前数据，通过清除将监测仪累计雨量清零。然后将 250 mL 的蒸馏水缓慢注入雨量计，分别实验三次，按公式(6-6)计算出理论降雨量 H。

$$H = 10V/\pi r^2 \tag{6-6}$$

式中：H——理论计算得到的降雨量，mm；

　　　　V——注入的蒸馏水体积，mL；

　　　　π——圆周率，取 3.14；

　　　　r——雨量计漏斗半径，cm。

　　按公式(6-7)分别计算各次测量时采样器显示的降雨量 h_i 与理论雨量 H 的差 Δh_i。按公式(6-8)计算出三次测量的平均误差作为降雨量测量误差 Δh。

$$\Delta h_i = h_i - H \tag{6-7}$$

式中：Δh_i——第 i 次降雨量测量误差，mm；

　　　　h_i——第 i 次测量时采样器显示的降雨量，mm；

$$\Delta h = \frac{\sum_{i=1}^{n} \Delta h_i}{n} \tag{6-8}$$

式中：Δh——本次测试的降雨量误差，mm；

　　　　n——测量次数。

　　若 H≤10 mm 时，Δh 为本次测试的降雨量误差，此时降雨量误差应不超过 ±0.4 mm；若 H>10 mm 时，取 Δh 与 H 之比作为本次测试的降雨量误差，此时降雨量误差应不超过 ±4%。

　　然后分别用 500 mL、1000 mL 和 1250 mL 的蒸馏水按照以上方法进行测试。每次检测完选择清除当前数据选项，以对累计雨量清零。

　　测试完成后，若每次测量均满足以上误差要求，则降雨量测量项目合格，否则判为不合格。

十、pH、电导率测量误差

（一）pH 测量误差

a）轻轻地将 pH 电极的固定卡环拧下，取出 pH 电极并放入去离子水中清洗。

b）分别将电极放入提前准备好的标准溶液中（标准溶液分别选用 pH 9.18，pH 6.865，pH 4.008 的溶液），待二次表读数稳定后读取 pH。注意每次更换标准溶液测量前都应用去离子水对电极进行清洗，否则影响电极检测数据。

c）重复 b）的操作各两次。

d）计算出各次测量时二次表显示的 pH 与被测标准溶液在同环境下的 pH 值之差，取最大差值作为 pH 测量误差。

e）pH 测量误差不超过 ±0.1 时合格，否则判为不合格。

（二）电导率测量误差

a）轻轻地将电导率电极的固定卡环拧下，取出电导率电极并放入去离子水中清洗。

b）分别将电极放入提前准备好的标准溶液中（标准溶液分别选用 43.5 mS/m，14.7 mS/m，71.8 mS/m 的溶液），待二次表读数稳定后读取电导率值。注意每次更换标准溶液测量前都应用去离子水对电极进行清洗，否则影响电极检测数据。

c）重复 b）的操作各两次。

d）计算出各次测量时二次表显示的电导率值与被测标准溶液在同环境下的电导率值之差，取最大差值与量程上限值的比值作为电导率值测量误差。

e）电导率测量误差不超过 ±2%FS 时合格，否则判为不合格。

十一、pH、电导率温度补偿及漂移

（一）pH 温度补偿及漂移

1. 温度补偿

结束电极测量误差检测并清洗电极后，将 pH 电极浸入 pH 4.008 的标准溶液中，在（10～30）℃之间以 5 ℃的变化方式改变液温，正负各一次，读取二次表 pH 测量显示值并计算出两次显示值的平均值 $\overline{pH}$。根据公式 $\delta = \overline{pH} - 4.008$ 计算得出补偿精度 δ，δ 不超过 ±0.1 时合格，否则判为不合格。

2. 漂移

分别将清洗完毕的 pH 电极浸入 pH 9.18,pH 6.865,pH 4.008 的标准溶液中,读取 5 min 后二次表上显示的测量值作为初始值,连续检测 24 h,计算该段时间内与初始值偏离最大的误差。最大偏离误差不超过 ±0.1 时合格,否则判为不合格。

（二）电导率温度补偿及漂移

1. 温度补偿

结束电极测量误差检测并清洗电极后,将带有温度补偿传感器的电极浸入 43.5 mS/m 的标准溶液中,在(10 ~ 30)℃之间以 5 ℃的变化方式改变液温,正负各一次,读取二次表电导率显示值并计算出两次显示值的平均值 $\overline{M}$。按公式(6 - 9)计算得出补偿精度 δ,$|\delta| \leqslant 1\%$ 时合格,否则判为不合格。

$$\delta = \frac{\overline{M} - 43.5}{43.5} \times 100\% \qquad (6-9)$$

2. 漂移

分别将清洗完毕的电导率电极浸入 43.5 mS/m 的标准溶液中,读取 5 min 后二次表上显示的测量值作为初始值,连续检测 24 h,计算该段时间内与初始值偏离最大的差值相对于满量程的百分率作为最大偏离误差。最大偏离误差不超过 ±1% FS 时合格,否则判为不合格。

十二、计时误差

用分辨力为 0.01 s 的电子秒表作为计时标准和仪器的时钟进行比较,同时记录走时,每次测定时间不少于 60 min,按公式(6 - 10)计算计时误差 δ_t。

$$\delta_t = \frac{t_i - t}{t} \times 100\% \qquad (6-10)$$

式中:δ_t——计时误差,% ;

$\quad$ t_i——仪器时钟计时,s ;

$\quad$ t——秒表计时,s。

连续重复测量 3 次,取 3 次计时误差的平均值为仪器的计时误差。计时误差不超过 ±0.1% 时合格,否则判为不合格。

十三、无线传输（无线传输检测项目不固定,可根据客户所需具体配置决定）

确认无线传输模块连接正确、SIM 卡安装完好、中心站软件初始化成功、中心站各站点设置及仪器设置无误,重点检测中心站与仪器之间能否顺利的发送与接收数据。若同时满足以下所叙述的检测要求,则判定无线传输检测合格,若其中任一项不符合,则判为不合格。

(一)远程查询及远程维护

1. 查询采样信息

在中心站软件中选中基本站点,单击"查询采样信息",输入要查询的开始文件号和结束文件号,主界面状态栏应有短信发送相关提示,同时,主界面应显示收到的采样信息,检测采样信息应与仪器显示的数据一致。

2. 查询仪器状态

选中基本站点,单击"查询仪器状态",主界面状态栏应有短信发送相关提示,检测接收到的仪器状态信息应与仪器所处状态一致。

3. 查询仪器设置

选中基本站点,单击"查询仪器设置"时,主界面状态栏应有短信发送相关提示,检测接收到的仪器设置信息应与仪器所处状态一致。

4. 启动/停止在线上传

当仪器无线设置中数传模式为停止/自动时,选中中心站软件中的基本站点,单击"启动在线上传"/"停止在线上传",数传模式应更改为自动/停止。

5. 启动自检

选中基本站点,单击"启动自检",仪器应能顺利进行故障检测,同时主界面状态栏应有短信发送相关提示,自检倒计时完毕后,中心站应收到仪器此刻正确的状态信息。

6. 设置主机号

仪器无线设置中主机号未设置时,单击中心站软件"设置主机号",检测仪器主机号应被正确更改。

7. 采样数据浏览与输出

以上项目检测过后,主界面中采样数据、状态、设置信息应能浏览输出。

(二)仪器自动传输数据

进入仪器主菜单系统维护,将无线设置中无线功能设置为"有",数传模式改为"自动",仪器应能主动向中心站发送采样数据和状态数据,具体发送情况根据工作模式的差异而不同。

1. 崂应 5020 采样器

（1）场次模式

人工模拟降雨，使采样器感应有雨。设置采样分段时刻，修改系统时间至预设时间前几分钟，当系统时间到达预设时间时，采样器自动向中心站发送采样信息，检测中心站应能接收数据，采样数据应与仪器显示数据一致。若 24 h 内无降雨则采样器应向中心站发送状态信息，检测接收数据应与仪器显示状态一致。

（2）时间模式

设定分段时刻，修改系统时间至预设时间前几分钟，无论采样器是否检测有雨，当系统时间到达预设时间时，采样器都应自动向中心站发送采样信息，检测中心站应能接收数据，采样数据应与仪器显示数据一致。

（3）雨量模式

设定分段雨量，人工模拟降雨，使采样器感应有雨。使雨量计感应的雨量到达预设的雨量，采样器自动向中心站发送采样信息，检测中心站应能接收数据，采样数据应与仪器显示数据一致。

（4）综合模式

设定分段时刻及分段雨量，人工模拟降雨，使采样器感应有雨，此时若满足：

a）系统时间到达预设的时间。

b）雨量计感应的雨量到达预设的雨量。

其中任一条件，采样器自动向中心站发送采样信息，检测中心站应能接收数据，采样数据应与仪器显示数据一致。

2. 崂应 5021 型监测仪

（1）场次模式

人工模拟降雨，使采样器感应有雨。设置采样分段时刻，修改系统时间至预设时间前几分钟，当系统时间到达预设时间时，监测仪自动向中心站发送采样信息，检测中心站应能接收数据，采样数据应与仪器显示数据一致。若 24 h 内无降雨则监测仪向中心站发送状态信息，检测接收数据应与仪器显示状态一致。

（2）在线模式

人工模拟降雨，使监测仪感应有雨，设置采样间隔时间，当系统时间到达间隔时间时，监测仪自动向中心站发送采样信息，检测中心站应能接收数据，采样数据应与仪器显示数据一致。若 24 h 内无降雨则监测仪向中心站发送状态信息，检测接收数据应与仪器显示状态一致。

十四、仪器噪声

仪器正常工作时,噪声应不大于 60 dB(A)。

十五、平均无故障运行时间

仪器在雨季露天工作状况下连续运行,平均无故障运行时间(MTBF)不低于 2000 h。

注:出厂前需重新上电 1 min 内自动排液,将雨量计内雨水排净,并将各项恢复为出厂设置,保证仪器表面清洁。监测仪在出厂前需在 pH 测量池内加注保护液,以浸润 pH 电极起到保护电极的作用。加注保护液时注意:将配置好的 KCL 溶液注入清洗液与 pH 测量池相连接的管路,直至测量池满,将与测量池相连接的外侧出气管路插到恒温箱所在的腔体,用接地夹夹住弯折后的出气管,以防液体流出。

参考文献

[1]宗蕙娟,滕恩江,牛巧云,等. 我国降水自动采样器的现状和发展趋势[J]. 中国环境监测,2005,21(2):64 - 65.

[2] HJ/T 165—2004 酸沉降监测技术规范.

第七章 崂应环保监测仪器校准器系列

崂应环保监测仪器校准器系列涵盖了大气采样器校准器、总悬浮颗粒物采样器校准器、烟尘采样器校准器三大系列,崂应相关校准器见图 7-1,可用于采样器的校准检测,也可用于环保监测、劳保卫生、科研院所及其他需要校准的场合。

（a）崂应7020Z型孔口流量校准器

（b）崂应7020D型孔口流量校准器

（c）崂应7030S型智能皂膜流量计

（d）崂应7050型烟尘（气）测试校准仪

（e）崂应8040型智能高精度综合标准仪

（f）崂应8051型智能高精度多路流量标准仪

图 7-1 校准器系列产品

（g）崂应7040型便携式气体、粉尘、 　　（h）崂应7040A型便携式气体、粉尘、
　　烟尘采样仪综合校准装置 　　　　　　　烟尘采样仪综合校准装置

图 7 - 1　校准器系列产品(续图)

第一节　大气采样器校准器系列

　　按照 JJG 956—2013《大气采样器》中计量器具控制要求,皂膜流量计工作范围在 (0~6) L/min,准确度等级不低于 1.0 级(最大允许误差 ±1.0%)。能够满足上述要求的大气采样器校准器及其技术指标如表 7 - 1。

表 7 - 1　大气采样器检定用校准器

仪器型号及名称	流量范围	最大允许误差
崂应 7030S 型智能皂膜流量计	（50 ~ 3000）mL/min	不超过 ±1.0%
	（50 ~ 6000）mL/min	
崂应 7040 型便携式气体、粉尘、烟尘采样仪综合校准装置	（0 ~ 6000）mL/min	
崂应 7040A 型携式气体、粉尘、烟尘采样仪综合校准装置	（0 ~ 6000）mL/min	
崂应 8040 型智能高精度综合标准仪	（0 ~ 6000）mL/min	
崂应 8051 型智能高精度多路流量标准仪	（0 ~ 2000）mL/min	

一、大气采样器检定

（一）流量示值误差检定

1. 校零

将大气采样器校准器和大气采样器水平放置,悬空进、出气口。严格遵守大气采样器校准器的操作规定,大气采样器通电后,开机进行校零,以消除微压零点漂移误差,提高测量精度。

2. 设置相关参数

a)将校准器的温度值和大气压值分别设置为当前的环境温度值和大气压值。

b)设置大气采样器校准器的检定条件。

①管路负压:空载状态为 0 kPa,负载状态为 4.5 kPa。

②标定温度值:转子流量计标定温度 20 ℃;电子流量计标定温度为大气采样器的流量被标定时的环境温度,此温度值会在被检大气采样器主菜单界面的下方滚动显示,检定前注意读取。

3. 连接管路

空载时,将大气采样器的入气口与校准器的出气口相连,确保气路密闭不漏气,见图 7 - 2。

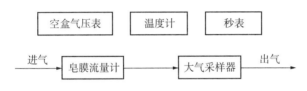

图 7 - 2　空载状态下检定连接示意图

负载时,通过三通连接数字压力计、压力调节阀及大气采样器入气口,压力调节阀另一端接大气采样器标准器出气口,确保气路密闭不漏气(见图 7 - 3)。

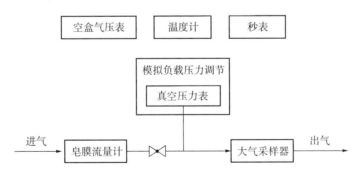

图 7 - 3　负载状态下检定连接示意图

(二) 流量重复性及稳定性检定

大气采样器流量重复性及稳定性检定按照图 7 - 3 连接,具体检定过程在大气采样器章节已详细介绍,这里不再赘述。

二、校准器使用中的注意事项

（一）崂应 7030S

a）在皂液盒中加入适量皂液，液位要低于皂膜管下边缘。加装皂液时应按皂液盒安装的反方向轻轻打开，取下皂液盒，装上皂液后按皂液盒的安装方向拧紧至设计位置。

b）使用前，用连续上升的皂膜湿润管壁，直至管壁被完全润湿。在使用过程中应保持管壁的湿润状态。

c）为了精确测量，建议校准器的大气压力值和温度值采用输入方式，输入环境大气压力值和环境温度值。

d）使用皂膜流量计测量流量时，应在被检仪器前端串接吸收瓶、干燥筒，避免水汽进入被检仪器，从而造成被检仪器动力泵的损害等。

e）使用过程中可能发生的简单故障现象及排除方法如表 7－2。

表 7－2　皂膜流量计简单故障及排除方法

故障现象	可能原因	排除方法
皂膜管上端或者下端检测不到皂膜	1）传感器不正常； 2）皂膜太薄，无法检测到	1）进入维护菜单"⑦测试"项，如果显示"不正常"字样，返厂维修； 2）更换皂液
皂膜不平整，易破裂	1）皂液浓度不合适； 2）皂膜管内壁干燥； 3）皂膜管内壁有气泡或杂物	1）洗洁精和去离子水按照1：1比例配置； 2）起膜器连续吹起若干个皂膜，直到皂膜管内壁完全湿润； 3）清洗皂膜管内壁，将气泡或者杂物去掉
通电后，皂膜流量计不显示	1）保险丝坏了； 2）内部硬件问题	1）更换保险丝； 2）返厂维修

（二）崂应 7040 和崂应 7040A

a）在使用中，校准前应先确认气路连接是否正确。

b）为防止损坏皂膜流量计，仪器使用完毕后请安装好皂膜管保护罩！

c）使用过程中可能发生的简单故障现象及排除方法如表 7－3。

表 7 - 3　崂应 7040 和崂应 7040A 简单故障及排除方法

故障现象	可能原因	处理方法
按开机键,校准装置开机无显示	电池供电情况下有可能电池电量不足	请接入外部供电电源
校准装置运行过程中,无流量	气路堵塞	检查气路连接是否正确
打印机不执行打印命令	1)打印机数据线未插好; 2)操作不当	1)检查数据线,将其插接良好; 2)详细阅读打印机说明书,正确操作

（三）崂应 8040 和崂应 8051

a）在使用中,校零时应把进、出气口悬空。

b）输入检定大气采样器检定条件时,需输入标准仪与被校准仪器之间管路中的负压值(为正值)。

c）标准仪在出厂时已标定好,用户在无更高精度标准仪的情况下不许随意进入维护菜单变更调试数据,以免参数错误影响标准仪的精度。

d）使用过程中可能发生的简单故障现象及排除方法如表 7 - 4。

表 7 - 4　崂应 8040 和崂应 8051 简单故障及排除方法

故障现象	可能原因	排除方法
打开电源开关,无任何反应	锂电池供电时,电池没电	为电池充电
流量显示值达不到量程最大值	1)气路漏气; 2)传感器、孔口故障	1)检查气路的气密性; 2)返厂维修

第二节　总悬浮颗粒物采样器校准器系列

按照 JJG 943—2011《总悬浮颗粒物采样器》中计量器具控制要求:大流量孔口流量计应包括 1050 L/min 流量点,且此点流量相对误差应不超过 ±1.0%;中流量孔口流量计应包括 100 L/min 流量点,且此点流量相对误差应不超过 ±1.0%。能够满足上述要求的总悬浮颗粒物采样器校准器及其技术指标如表 7 - 5。

表 7 – 5　总悬浮颗粒物采样器检定用校准器

仪器型号及名称	流量范围	最大允许误差
崂应 7020Z 型孔口流量校准器	（80 ~ 130）L/min	
崂应 7020D 型孔口流量校准器	（800 ~ 1300）L/min	
崂应 7040 型便携式气体、粉尘、烟尘采样仪综合校准装置	（80 ~ 150）L/min	不超过 ± 1.0%
	（800 ~ 1200）L/min	
崂应 7040A 型便携式气体、粉尘、烟尘采样仪综合校准装置	（80 ~ 150）L/min	
	（800 ~ 1200）L/min	
崂应 8040 型智能高精度综合标准仪	（5 ~ 130）L/min	

一、总悬浮颗粒物采样器检定

a）将总悬浮颗粒物采样器和孔口流量校准器水平放置，进行校零，以消除微压零点漂移误差，提高测量精度。

b）将校准器的温度值和大气压值分别设置为当前的环境温度值和大气压值。

c）总悬浮颗粒物采样器的检定连接见图 7 – 4。

进气　　标准器　　被检仪器　　出气

图 7 – 4　标准器与被检仪器连接示意图

总悬浮颗粒物采样器流量示值误差、重复性、稳定性、负载能力等项目的检定在总悬浮章节已详细介绍，这里不再赘述。

二、校准器使用中的注意事项

总悬浮颗粒物采样器校准器崂应 7040、崂应 7040A 和崂应 8040 使用中的注意事项在本章第一节第二部分中已详细介绍，这里主要介绍崂应 7020D 和崂应 7020Z 使用中的注意事项。

a）校准器进行测量前，对差压传感器进行校零，校零时应把气嘴置于环境空气中。

b）将校准器的温度值和大气压值分别设置为当前的环境温度值和大气压值。

c）用气路连接管将孔口流量校准器的测压嘴与主机的压力负接口一端相连，保证管路密闭不漏气。

d）校准器出厂时已经进行了必要的标定设置，如不是特别需要，不允许进入标定菜单，随意改动设置。

e）崂应 7020D 和崂应 7020Z 在使用过程中可能发生的简单故障现象及排除方法如表 7 - 6。

表 7 - 6 崂应 7020D 和崂应 7020Z 简单故障及排除方法

故障现象	可能原因	排除方法
打开电源开关,无任何反应	1）交流供电时,未接通电源; 2）直流供电时电池没电	1）接通 220V 电源; 2）更换电池
流量测量值达不到	1）管路漏气; 2）传感器故障	1）检查管路; 2）返厂维修

第三节　烟尘采样器校准器系列

按照 JJG 680—2007《烟尘采样器》中计量器具控制要求:流量标准器或装置的准确度级别不低于 1.5 级;压力表或数字式压力计的量程范围为（ - 50 ~ 50）kPa,准确度级别不低于 0.5 级。能够满足上述要求的烟尘采样器校准器及其技术指标如表 7 - 7。

表 7 - 7 烟尘采样器检定用校准器

仪器型号及名称	参数范围	最大允许误差
崂应 7050 型烟尘（气）测试校准仪（02 代）	流量:（10 ~ 267）L/min 动压:（0 ~ 3000）Pa 静压:（ - 30 ~ + 30）kPa	不超过 ±1.0% 不超过 ±1.0% 不超过 ±1.5%
崂应 7040 型便携式气体、粉尘、烟尘采样仪综合校准装置	皮膜流量计:（5 ~ 80）L/min 微压:（0 ~ 2500）Pa 表压:（ - 30 ~ + 30）kPa	不超过 ±1.0% 不超过 ±1.0% 不超过 ±2.0%
崂应 7040A 型便携式气体、粉尘、烟尘采样仪综合校准装置	罗茨流量计:（5 ~ 80）L/min 微压:（0 ~ 2500）Pa 表压:（ - 30 ~ + 30）kPa	不超过 ±1.0% 不超过 ±1.3 Pa 不超过 ±0.5% FS
崂应 8040 型智能高精度综合标准仪	流量:（5 ~ 130）L/min 动压:（0 ~ 2500）Pa 静压:（ - 60 ~ + 60）kPa	不超过 ±1.0% 不超过 ±1.3 Pa 不超过 ±0.5% FS

一、烟尘采样器检定

烟尘采样器的流量示值误差、流量重复性、流量稳定性、动压和静压等检定过程在烟尘采样器章节已详细介绍,在这里不再赘述。

二、校准器使用中注意事项

烟尘采样器校准器崂应 7040、崂应 7040A 和崂应 8040 使用中的注意事项在本章第一节第二部分中已详细介绍,这里主要介绍崂应 7050 使用中的注意事项。

a)检定前需要将校准器中的大气压值和温度值分别输入为当前的环境大气压值和当前环境温度值。若显示值前面有"＊",表示当前数值为人工输入值。若显示值前面无"＊",表示当前数值为实际测量值。

b)若管路中有压力,"卸压"可自动将管路里的压力调到 0。卸压过程中,选择"停止",即可停止卸压。卸压后若实际值不为 0,不必拔下气路连接管,也无需校零,对后续使用及压力输出值没有影响。

c)在压力调整的过程中不应随意拔下管路,以保护压力传感器。若需要拔下管路,则应先按"停止",再按"卸压",将压力卸掉后再拔下管路。

d)压力传感器校零时,动压、静压接嘴应悬空。

e)校准仪长期闲置不用时,应每隔三个月将校准仪取出,打开电源开关让校准仪处于工作状态,直至校准仪自动关机,将电池的电全部用完,然后将校准仪充满电即可。

f)崂应 7050 在使用过程中可能发生的简单故障现象及排除方法如表 7 - 8。

表 7 - 8　崂应 7050 简单故障及排除方法

故障现象	可能原因	排除方法
开机无显示	1)仪器内部电池放枯; 2)校准仪保险丝烧断,造成电池无法充电	1)接通 220V 电源,充电; 2)更换保险丝
加不上压力	1)测量前未对压力调零; 2)气路连接错误; 3)测量管路漏气	1)调零; 2)正确连接气路; 3)寻找漏气源堵漏或更换采样管路